극지과학자가 들려주는 기후변화 이야기

그림으로 보는 극지과학 시리즈는 극지과학의 대중화를 위하여 극지연구소에서 기획하였습니다. 극지연구소Korea Polar Research Institute, KOPRI는 우리나라 유일의 극지 연구 전문기관으로, 극지의 기후와 해양, 지질 환경을 연구하고, 극지의 생태계와 생물자원을 조사하고 있습니다. 또한 남극의 '세종과학기지'와 '장보고과학기지', 북극의 '다산과학기지', 쇄빙연구선 '아라온'을 운영하고 있으며, 극지 관련 국제기구에서 우리나라를 대표하여 활동하고 있습니다.

일러두기

- 인명과 지명은 외래어 표기법을 따랐다. 하지만 일반적으로 쓰이는 경우에는 원어 대신 많이 사용하는 언어로 표기했다.
- 용어는 책의 내용과 직접 관련있는 경우에는 본문에서 설명하였고, 주제와 관련이 적거나 추가 설명이 필요한 용어는 책 뒷부분에 따로 실었다. 책 뒷부분에 설명이 있는 용어는 본문에 처음 나올 때 ◉으로 표시하였다.
- 참고문헌은 책 뒷부분에 밝혔고, 본문에는 작은 숫자로 그 위치를 표시했다.
- 책과 잡지는 《 》, 글과 영화는 〈 〉로 구분했다.

그림으로 보는 극지과학 1

극지과학자가 들려주는 기후변화 이야기

하호경·김백민 지음

"

인류는 지금 거대한 지구물리학 실험을 하고 있다.
이 실험은 이제껏 한번도 일어난 적이 없었고,
앞으로도 재연될 가능성이 거의 없다.
불과 몇 백년 사이에 우리는 지난 수억 년 동안 암석에 갇혀 있던
탄소화합물을 바다와 대기로 돌려보내게 될 것이다.

인류가 이 실험을 제대로 이해한다면
날씨와 기후를 결정하는 프로세스에 대해 놀라운 통찰을 얻을 수 있을 것이다.
이산화탄소가 대기, 바다, 생물체, 암석 중
어디에 얼마나 존재할지를 결정하는 것이 우리에게 더욱더 중요해지고 있다.

"

— 로저 르벨, 한스 쥐스[1]

차례

4장 극소용돌이가 이상기후를 부른다

“기후변화?”

이제는 더 이상 지구과학을 연구하는 과학자들만의 어려운 전문 용어가 아니다. 우리가 매일 접하는 텔레비전의 광고에서 아이들의 옷차림까지 생활 곳곳에서 쉽게 찾아볼 수 있는 일상용어가 되었다. 과거보다 한층 파괴력이 커진 태풍, 해수면 상승으로 불과 몇십 년 후에는 사라져 버릴지도 모를 적도 지역의 여러 섬나라들, 고산 지대와 극 지역의 녹아내리는 빙하 등 셀 수 없이 많은 기후변화의 신호들이 쌓여 가고 있지만, 그 속에서 실제 일어나는 과정은 생각보다 복잡하고 미묘하다. 그리고 그런 기후변화를 수천만 년 동안 쉼 없이 조절해 온 곳이 바로 우리가 살고 있는 곳에서 가장 멀리 떨어진 남극과 북극의 극 지역이라는 것은 참으로 흥미로운 사실이다. 특히 극 지역에서 일어나고 있는 다양한 기후변화 반응들은 해빙을 사이에 두고 끊임없이 힘겨루기를 하는 바다(해양)

와 하늘(대기)의 상호작용으로 만들어진다. 그래서 두 영역을 따로 분리시켜 놓고 기후변화를 이야기한다면, 그것은 한 눈으로 세상을 보는 것과 마찬가지일 것이다.

이 책을 기획할 때의 가장 중요한 의도 중 하나가 바로 두 눈으로 기후변화를 보자는 것이다. 해양학자의 시각과 대기과학자의 시각을 한데 모아 공정하고 바른 시각으로 급변하는 극지의 기후변화 과정을 살펴보자는 것이었다. 지금까지 기후변화를 다룬 많은 책들은 한쪽으로 편향된 시각에서 기후변화를 이야기해왔다. 그런 책들이 틀렸다는 얘기를 하려는 것이 아니다. 다만 우리는 기후변화를 바라보는 시각을 보다 다양하고 입체적으로 열어놓을 필요가 있다는 점을 말하고 싶은 것이다.

예를 들어, 줄기차게 올라가던 지구의 평균 온도가 금세기 들어 증가 추세가 둔화되고 있다고 한다. 이런 현상을 대기의 관점에서만 바라본다면, 지구온난화가 멈춘 게 아닌가 하는 의심이 들 수도 있다. 하지만 놓치지 말아야 할 중요한 사실 하나는, 인간 활동에 의해 뿜어져 나오는 이산화탄소의 양은 꾸준히 증가하고 있으며*, 이로 인해 지구에 축적되는 열은 꾸준히 증가하고 있다는 점이다.

* 2013년 5월에는 드디어 대기 중 이산화탄소 농도가 400ppm을 넘어선 것이 관측되었다. 산업혁명 이전에는 불과 280ppm이었던 농도가 말이다.

그럼 현재 지구 온도의 증가 추세가 둔화되고 있다면, 대체 그 열은 어디로 가고 있는 걸까? 바로 그 열은 바닷물이 모두 흡수해 갖고 있는 것이다. 아래 그림을 한 번 보자.

이산화탄소 증가에 의한 열이 대기와 육지에 흡수되는 양은 크게 늘지 않는데 반해, 바다가 흡수하는 양은, 특히 1990년대 이후 폭발적으로 증가하고 있음을 알 수 있다. 즉, 이렇게 많은 열이 대

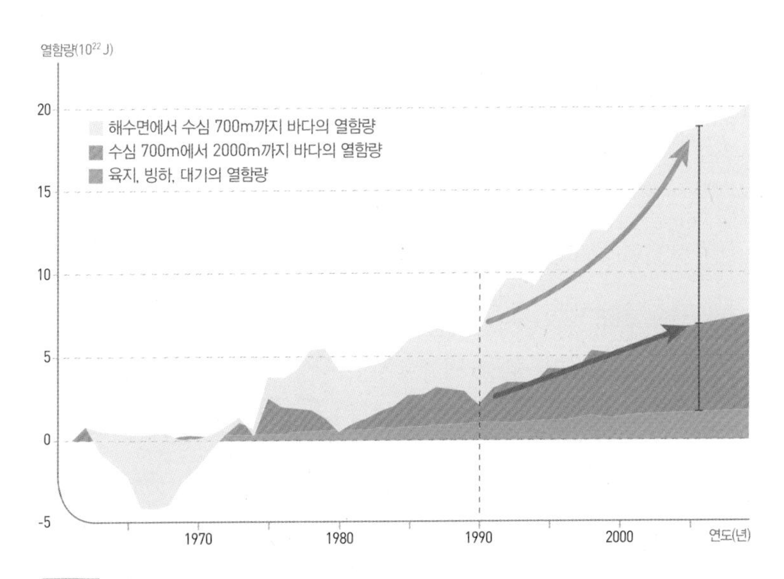

그림 0-1

1990년대 이후 옅은 푸른색 부분의 면적이 급격하게 늘어나고 있다. 1990년대 이후로 수심 700m이내의 바다가 엄청나게 많은 열을 흡수하고 있고 그 증가폭도 점점 커지고 있다.
• Nuccitelli, et al.(2012)의 그림을 수정

이산화탄소 증가에 의한 열이 대기와 육지에 흡수되는 양은 크게 늘지 않는데, 바다가 흡수하는 양은 1990년대 이후 폭발적으로 증가하고 있다.

기를 덥히지 않고 바다를 데우는데 사용되고 있는 것이다. 사실 대기와 달리 바다는 물의 열용량이 커서 웬만큼 열을 흡수해도 온도가 빠르게 증가하지 않는다. 지구온난화를 얘기할 때 대기의 온도만 살펴본다면, 앞에서 말한 이런 변화를 놓치기 쉬울 것이다. 그래서 기후변화를 바다와 하늘의 시각에서 균형있게 살펴 봐야 오류를 범하지 않을 수 있고, 보다 깊이있는 이해를 할 수 있는 것이다.

극지에서는 다양한 분야의 연구가 이루어지고 있지만, 이 책에서는 그 중에서도 기후변화를 중점적으로 다룰 것이다. 앞에서 언급한 것처럼 물로 구성되어 있는 해양과 공기로 구성되어 있는 대기는 열을 흡수하는 능력의 차이가 확연해 기후변화의 속도도 뚜렷하게 다를 수 밖에 없다. 비유하자면, 해양은 돌로 만들어진 솥과 같은 특성을 지녀서, 천천히 가열되고 천천히 냉각된다. 하지만 대기는 철로 만들어진 솥과 같아, 빨리 뜨거워지고 빨리 식는다. 물과 공기, 둘 다 유체역학의 지배를 받는 유체지만, 물의 밀도가 공기의 밀도보다 약 1000배나 큰 만큼, 외력에 대한 반응 속도도 당연히 크게 차이난다. 바다의 온도 변화는 아주 천천히 진행되며, 그 결과 만들어지는 기후변화도 시간이 한참 흐른 후에야 알아차릴 수 있

기후변화를 수천만 년 동안 조절해 온 곳은 바로 우리가 살고 있는 곳에서 가장 멀리 떨어진 남극과 북극의 극 지역이다.

다. 하지만 대기의 반응은 바다에 비해 상대적으로 빨라 원인이 발생한 후 기후변화의 결과를 비교적 신속하게 인지할 수 있다. 이런 관점에서 우리는 다양한 기후변화 반응을 염두에 두고 극지의 해양 순환과 대기 순환, 해양과 대기의 경계면에 존재하는 얼음(해빙과 빙하)의 움직임을 주로 다룰 것이며, 이 모든 것이 기후변화에 어떤 영향을 주는지를 이 책에서 설명할 것이다.

1장에서는 기후변화를 이해하는데 매우 중요한 기후 피드백 메커니즘이 무엇인지 소개하고, 왜 북극에서 기후 피드백이 가장 강하게 일어나는지 그 이유를 살펴볼 것이다. 2장에서는 남극과 북극으로 나뉘어진 극 지역의 차이점과 공통점을 설명할 것이다. 남극과 북극이 서로 멀리 떨어져 있지만, '지구'라는 시스템 안에서 유기적으로 연결이 되어 있다는 점도 함께 보여줄 것이다. 3장에서는 기후변화를 가장 분명하게 드러내주는 극 지방의 눈과 얼음에 대한 이야기를 할 것이다. 계절이 바뀌거나 해가 바뀔 때마다 극지의 눈과 얼음은 그 분포와 양이 극명하게 변화한다. 이런 변화가 불러오는 기후변화 프로세스와 그 과정을 하나하나 밝혀나갔던 과학자들의 이야기를 함께 다룰 것이다. 그리고 이제껏 잘 알려지지 않았던 바닷속 얼음이 기후변화에 어떻게 반응하고 영향을 주는지를 조명하면서, 바닷물의 흐름이 기후변화를 어떻게 제어하는지, 그리고 특히 최근 발견되고 있는 따뜻한 바닷물의 침입에 의한 남·북극 해역의 급격한 해양 기후변화가 어떻게 일어나고 있는지를 설명할 것이다. 4장에서는 극지를 둘러싸고 있는 거대한 대기 소용돌이의 특징과 행태를 알아보고, 이들이 기후변화와 어떻게 관련되어 있는지를 알아볼 것이다. 마지막으로 인간 활동에 의한 극 지방 기후변화의 대표적 사례인 오존구멍에 대해 알아보고, 미래 기후에 대한 예측도 간단하게 언급할 것이다.

사실 주변 지인들 중에도 지구변화 혹은 기후변화와 관련된 해수면 상승이나 이상기후에 막연한 두려움을 갖고 계신 분들이 많다. 아는 만큼 보인다고 했다. 기후변화에 대한 불편한 진실이 적지 않지만, 그것들을 제대로 이해할 때, '지구'라는 큰 시스템 속에서 인간이 미래에 해야 할 역할을 모색할 수 있으리라 생각한다. 이 책이 그런 역할을 한 번쯤 생각해 볼 수 있는 기회를 제공하고, 남극과 북극에 대한 잘못된 상식 혹은 오해를 부분적이나마 해결하는데 도움이 되길 기대한다.

이 책이 완성되기까지 많은 분들께서 도와 주셨다. 쇄빙연구선 아라온에 함께 승선하여 긴 연구탐사를 함께 했던 극지연구소의 동료 연구자들은 많은 아이디어와 자료를 제공해 주었다. 편집 작업에 도움을 준 이현정, 강찬영 연구원과, 연구 현장에서 스토리있는 사진을 찍어주고 기꺼이 사용을 허락해 준 김영남 박사, 바쁜 와중에도 해빙 자료 가공과 극소용돌이 분석을 해준 성미경 박사, 심태현 연구원에게도 감사의 말을 전한다. 마지막으로 극지 연구와 탐사에만 빠져있던 우리를 독자들과 만날 수 있도록 다리를 놓아준 극지연구소 지식정보실에 감사드린다.

2014년을 시작하며
하호경, 김백민

1장

극지의 하늘과 바다가 변하고 있다

지구온난화하면 대개는 대기 중 이산화탄소 농도가 늘어나는 것만 얘기합니다. 그래프를 보여주면서 옛날에는 여기였는데, 지금은 이렇게까지 늘어났다고 걱정하죠. 그리고 옆에는 늘어난 이산화탄소가 지구를 온실처럼 덮힐 거라 위험하다는 설명만 간단히 덧붙이고요. 그러나 지구가 더워지는 게 정말 온실효과 하나 때문만일까요? 그렇지 않습니다. 우리 지구는 어떤 변화가 생기면 그런 변화를 훨씬 증폭시키기도 하지만, 반대로 그 변화를 약화시킬 수 있는 힘도 함께 갖고 있습니다. 이산화탄소가 늘어나 생긴 변화도 예외는 아닙니다. 이 장에서는 이산화탄소가 늘어나면서 지구는 어떤 변화를 겪고 있는지, 그 중에서도 특히 남극과 북극이 어떻게 바뀌고 있는지를 알아봅시다.

북극곰과 남극 펭귄 모두 한 자리에 모였네.
오늘은 우리의 최대 관심사, 날씨 얘기나 해볼까?
어때, 요즘 날이 너무 따뜻하지? 북극은 얼음이 너무 녹아서
30년 후에는 여름에 얼음이 아예 없을 거라는 무시무시한
얘기도 하잖아. 해빙이 줄어서 북극곰은 요새 마음 놓고
뛰지도 못하고 말이지.

그게 다 북극에서 일어나는
온난화 때문이라 그러더라구.
2013년에는 이산화탄소가
400ppm을 넘어섰잖아.
게다가 땅이 녹으면서
메탄 가스까지 새나오고.
얼음은 벌써 많이 녹았고,
바다는 점점 미지근해지고 있다니까.

북극곰이 TV에
자주 나오는 게
다 이유가 있었구나.
북극곰 불쌍해서 어떡해.

1 기후변화의 핵심은 피드백 메커니즘

지구의 하늘과 바다를 십여 년 이상 연구해온 자연과학자의 입장에서도 기후변화라는 말은 참으로 모호한 개념이다. 우선 기후가 변했다는 말의 진짜 의미가 무엇인지 되짚어보기로 하자. 먼저 기후의 정의부터 생각해 보자. 기후란, 날씨 혹은 시시각각 변화하는 기상과 대비되는 개념으로, 일정 지역에 장기간에 걸쳐 나타나는 대기 현상의 시간적 평균 상태로 정의할 수 있다. 그림 1-1을 한번 보자. 이 그래프를 보면 산업혁명이 시작되고 20세기 이후에 지구의 평균 온도가 섭씨 약 0.8도 상승한 것을 알 수 있다.

확실히 이산화탄소 농도(옅은 푸른색 선)와 비교해 보면, 지구의 평균 온도가 대기 중 이산화탄소 농도 증가와 함께 하고 있는 것이 분명해 보인다. 특히 1970년대 이후 이산화탄소 농도가 급격히 증가하자 지구의 평균 온도도 동시에 가파르게 상승하는 것이 눈에 띈다.

그런데 이 그래프에는 큰 비밀이 숨겨져 있다. 바로 시간적 평균

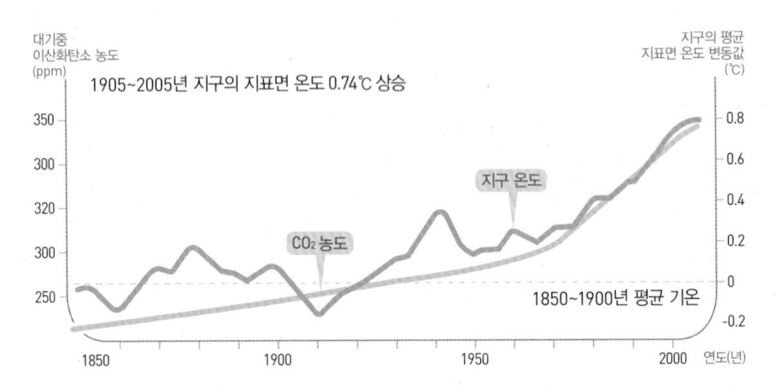

그림 1-1

인간 활동에 의한 이산화탄소 배출이 본격화한 산업혁명 이후, 대기 중 이산화탄소 농도와 지구의 평균 지표면 온도 경향을 나타냈다. 온도 변화는 1850~1900년 지구의 평균 지표면 온도를 기준으로 나타냈다. • 이산화탄소 농도와 지표면 온도 자료는 Keeling and Wharf(2005)와 Brohan, et al.(2006)을 참고했다.

의 개념이다. 위 그림의 그래프들은 부드러운 곡선을 이루고 있다. 사실 매년 실제 지구의 평균 온도를 시간 평균하지 않고 그려보면 그림 1-2와 같다. 이 그림은 1970년 이후 지구의 평균 온도를 시간 평균을 하지 않고 그린 것이다. 이렇게 그려놓고 보면 매년 변동이 상당히 커서 어떤 기간에는 오히려 구간별로 온도가 감소하고 있다고 자칫 생각할 수 있다. 그러나 그림 1-2 (a)에 표시된 장기간 추세(붉은색 선)를 살펴보면 지구의 온도가 꾸준히 상승하고 있다는 것을 여전히 확인할 수 있다.

이번에는 그림 1-2 (b)를 한 번 보자. 하늘색으로 표시한 지구의

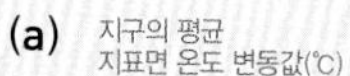

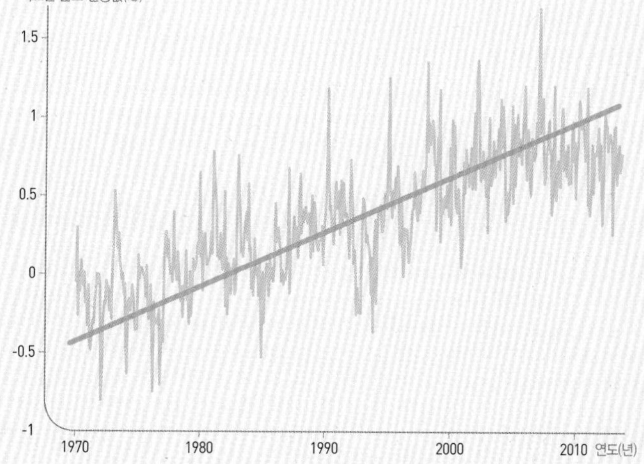

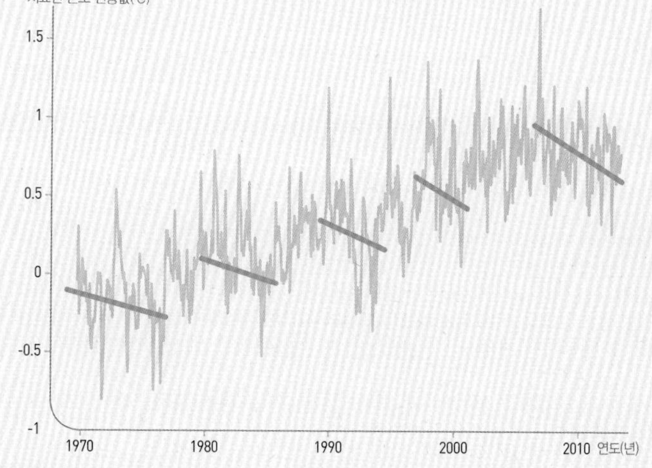

그림 1-2

두 그래프 모두 동일하게 1970년대 이후 매년 지구의 월평균 지표면 온도를 나타내고 있다(하늘색 실선). (a)장기적인 경향은 붉은색 선으로 나타냈다. 지난 40여 년간 꾸준히 온도가 상승하고 있다. (b)10년 이내의 단기적인 경향은 푸른색 선으로 나타냈다. 구간을 어떻게 설정하느냐에 따라 온도가 하강 추세에 있다고 생각할 수 있다는 것을 알 수 있다. • 영국 이스트앵글리아 대학의 기후연구부 자료를 바탕으로 다시 작성.

기후변화를 논할 때는 한 해 한 해의 기온이 오르고 내리는 것에 집중할 것이 아니라 장기간의 경향을 봐야만 한다.

평균 온도는 그림 1-2 (a)와 같다. 하지만 장기적인 추세 대신에 10년을 기준으로 나눈 구간 내 온도 변화에 주목하면 구간마다 온도가 확실히 감소하는 것을 알 수 있다(푸른색 선). 이런 온도 감소 구간은 지구온난화를 공격하는 사람들에게 좋은 빌미가 되고 있다. 우리가 기후변화를 논할 때 한 해 한 해의 기온이 오르고 내리는 것에 집중할 것이 아니라 장기간의 경향을 봐야만 하는 이유가 바로 여기에 있다.

즉, 우리가 기후변화를 어느 정도의 시간 규모에서 바라보는가에 따라 그 양상은 크게 달라질 수 있다. 예를 들어, 기후를 30년 평균한 상태로 정의하는 경우와 10년 평균으로 정의하는 경우, 그 추세가 판이하게 다르다는 것은 위 두 그림으로 분명하게 알 수 있다.

이렇게 기후와 기후변화를 정의한다는 것 자체부터가 너무 모호하지 않은가? 기후변화에 대한 다양한 논쟁들이 바로 이 지점에서 시작된다.

시간 평균의 개념을 인위적으로 적용해서 비롯된 기후변화에 대한 잘못된 이해는 공간 평균을 잘못 적용했을 때도 마찬가지로 생길 수 있다. 그림 1-2의 의미를 다시 한번 생각해 보자. 그래프의 커브들은 지구의 평균 지표면 온도를 나타낸 것이다. 그렇다면 지금 이 그래프는 지구상 모든 지역이 똑같은 정도로 더워지고 있다는 것을 의미하는 걸까? 아니다, 그렇지 않다. 우리가 살고 있는 지구 시스템의 기후 변화는 대기와 해양, 생태계, 태양 활동 등이 복합적으로 얽혀 지역별로 다르게 나타나고 있으며, 이런 변화들이 합쳐져 지구 전체가 더워지고 있다.

즉, 지구온난화가 진행되더라도 지구상의 각 지역마다 매우 다른 양상이 나타날 수 있는 것이다. 어떤 지역은 급격히 뜨거워지고, 또 다른 지역은 온도 상승이 거의 없을 수도 있으며, 심지어는 오히려 온도가 하강하는 지역이 나타날 수도 있다. 지구온난화의 증거를 수집하기 위해 전 세계를 돌아다녀 보면 장기간 온도가 하락하는 경향을 보이는 지역들을 어렵지 않게 발견할 수 있다. 하지만 무수히 많은 지역에서 빙하가 후퇴한 흔적, 얼음이 녹은 흔적, 급격한 온도 상승에 의해 사막으로 변한 지역 등 지구온난화의 증거를 수도 없이 수집할 수 있다. 일부 지역에 국한된 단편적인 온도 하강의 증거만으로 지구온난화를 부정하는 것은 나무만 보고 숲을 보지 못하는 짧은 생각의 결과일 뿐이다.

> 지구온난화가 진행되더라도 지구상의 각 지역마다 매우 다른 양상이 나타날 수 있다.

다시 그림 1-1로 돌아가, 인간이 방출한 이산화탄소에 의해 온실효과가 발생하여 지구가 더워지는 것이라면, 이산화탄소가 많이 발생하는 지역, 특히 도시나 공장 지역에서 온도가 많이 상승하지 않을까라고 생각할 수 있을 것이다.

그러나 결론적으로 말하면 대기 중 이산화탄소 농도의 지역적 편차는 그리 크지 않다. 그 이유는, 일단 대기 중으로 방출된 이산화탄소는 짧게는 수 개월 길게는 백 년 가까이 대기 중에 머물다가 바다 혹은 토양으로 흡수된다. 즉, 이산화탄소는 한 번 생기면 계속 기체 상태로 있는 것이 아니라, 바닷물에 녹아 들어가거나 토양에 흡수되기도 하고, 다른 물질과 결합해 화합물을 이루기도 하면서, 대기가 아닌 다른 곳으로 들어가 그 모습을 바꾸는 것이다. 그리고 대기 중에 머무는 동안에도 이산화탄소는 대기 속에서 계속 이동하며 섞여 지구상 어느 지역에서 측정하더라도 비슷한 농도를 유지한다. 즉, 이산화탄소 증가로 지구가 흡수하는 복사에너지가 늘어난다는 온실효과는 전 지구상에서 거의 비슷하다고 볼 수 있는 것이다. 따라서 온실효과만으로는 지역적으로 다르게 나타나는 기후변화의 다양한 전개 양상을 설명할 수가 없다. 사실 온실효과만으로는 그림 1-1에서 살펴보았던, 지구의 평균 온도가 산업혁명 이후 현재까지 섭씨 0.8도 가까이 상승한 것조차 설명하기 어렵다. 순수하게 이산화탄소의 온실효과만으로는 지구가 충분히 더워지지 않기 때문이다. 이는 이미 많은 과학자들이 알고 있는 사실이다(그림 1-3 참조).

따라서 '이산화탄소에 의한 온실효과로 지구온난화가 생긴다'라고만 한다면 올바른 설명이 아니다. 그렇다면 무엇이 지역적으로 상이한 기후변화를 만들어 내는 걸까? 또 지구의 평균 온도가 꾸준히 상승하고 있는 이유는 과연 뭘까? 그 비밀은 바로 지역마다 다른 자연계의 피드백 현상에 있다(그림 1-4).

> 온실효과만으로는 지구의 평균 온도가 산업혁명 이후 현재까지 섭씨 0.8도 상승한 것조차 설명하기 어렵다.

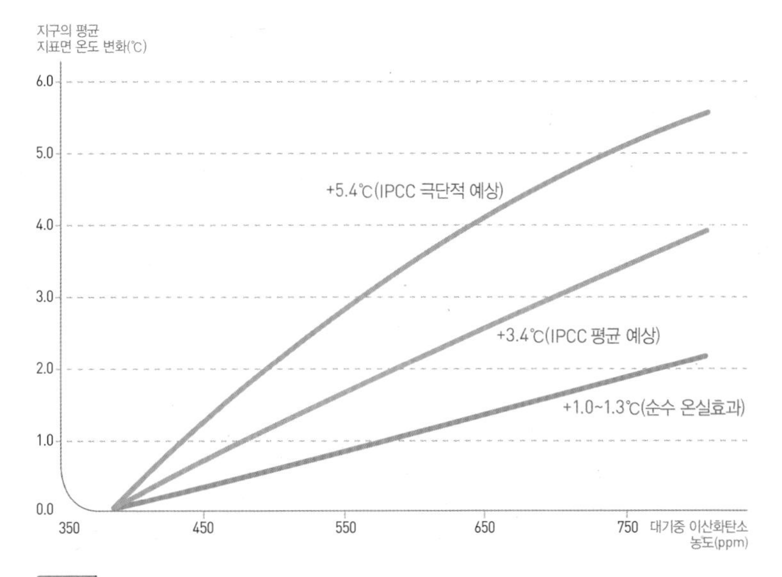

그림 1-3

이산화탄소 농도 증가에 따라 상승할 것으로 예상되는 2100년 지구의 평균 기온 상승을 나타낸 것이다. 기후 피드백을 얼마나 고려하느냐에 따라 예측이 크게 달라지고 있다. 푸른색 선이 피드백이 없는 경우이고, 붉은색 선과 보라색 선이 지구 시스템의 복잡한 피드백을 고려한 경우이다. • IPCC 4차 보고서의 자료를 바탕으로 다시 그림.

북극은 지구상에서 기후 피드백이 가장 강력하게 발생하는 지역이다. 북극해의 해빙이 녹아 내리면서 가장 강력한 피드백 메커니즘 중 하나인 얼음 반사 피드백이 작동하기 때문이다.

2 기후 피드백이 가장 강한 지역이 바로 북극

예를 들어 설명하면 바로 알 수 있다. 이산화탄소 증가에 따른 온실효과에 의해 바닷물이 예전보다 따뜻해졌다고 하자. 그러면 따뜻한 바다 표면에서 이전보다 수증기가 더욱 많이 올라오게 된다. 수증기는 이산화탄소보다 훨씬 강력한 온실기체다. 그래서 지구는 더욱 온실이 되고 바다는 더욱 뜨거워져 보다 많은 수증기를 방출한다. 이 과정이 서로 꼬리를 물고 일어나면서 이산화탄소에 의해 시작된 지구온난화는 시간이 갈수록 증폭된다. 이 현상이 바로 수증기 피드백이다. 지구 시스템을 구성하는 엄청나게 다양한 요소들이 모두 제각각의 방식으로 이 피드백에 참여한다.

다른 예를 한 번 들어보자. 극 지방에 존재하는 식물들의 경우, 이산화탄소가 늘어 온실효과가 강화되면 온도 증가에 따라 개체수가 늘어난다. 이렇게 되면 눈에 반사되던 햇빛이 식물들에 흡수되어 지표면의 온도 증가가 더욱 빨라진다. 이를 식생 피드백이라 한다.

피드백에는 이와 같이 기존 메커니즘을 강화하는 피드백이 있는 반면, 약화시키는 피드백도 존재한다. 구름과 관련된 피드백이 좋은 예다. 지구온난화에 따라 바닷물 온도가 올라가 수증기가 증가하면 구름도 따라서 증가한다. 그런데 상층운이 형성되느냐 아니면 지표면 근처의 하층운이 형성되느냐에 따라 지구온난화의 피드백에는 완전히 다른 결과를 초래한다. 상층운의 경우 온실효과가 매우 커서 온난화를 증폭하는 효과가 있지만, 하층운이 생성되면 온실효과 자체는 미미하고 오히려 햇빛을 강하게 반사하여 태양의 복사에너지 흡수를 방해해 온도를 떨어뜨리는 역할을 한다. 즉, 하층운은 음의 피드백 역할을 하는 것이다. 실제로 기후과학자들 사이에서도 이 구름의 역할에 대한 논란은 지금까지도 여전히 중요하게 다뤄지고 있다. 사실 이런 논란 자체가 바로 지구온난화를 둘러싼 여러 과학적 논쟁의 근본적인 이유다.

이렇게 피드백은 지역마다 메커니즘과 정도가 모두 다르다. 그래서 동일한 농도로 이산화탄소가 증가하여 그만큼 온실효과가 발생하더라도, 그림 1-4에 제시된 다양한 기후 피드백의 요소들이 작동하는 정도가 지역마다 다르기 때문에, 증폭효과가 서로 다르게 나타나게 되는 것이다. 따라서 기후변화 연구에서 가장 중요한 것은 사실은 이 기후 피드백의 메커니즘을 구체적으로 이해하여 우리가 현재 모르고 있는, 기후 시스템에 내재된 불확실성을 제거해 나가는 것이라고 할 수 있다.

> 이산화탄소가 같은 농도만큼 증가하여 그만큼 온실효과가 발생하더라도, 지역마다 기후 피드백 요소들이 작동하는 정도가 다르기 때문에, 증폭효과는 서로 다르게 나타난다.

이제는 이런 기후 피드백이 가장 강력하게 작동하는 지역에서 온도 증가가 가장 크게 나타날 것임은 쉽게 짐작할 수 있을 것이 북극은 지구상에서 기후 피드백이 가장 강하게 발생하는 지역이다. 지구 시스템의 가장 강력한 기후 피드백 메커니즘인 얼음 반사 피드백이 녹아내리는 해빙에 의해 크게 바뀌고 있기 있기 때문이다.

다. 그곳이 어디일까? 바로 북극이다. 북극은 지구에서 기후 피드백이 가장 강력하게 발생하고 있는 지역이다. 그 이유는 북극해의 해빙이 녹아내리기 시작하면서 지구 시스템의 가장 강력한 피드백 메커니즘 중 하나인 얼음 반사 피드백이 작동하기 때문이다(그림 1-5).

그림 1-4

기후 시스템에 내재된 다양한 피드백 메커니즘.

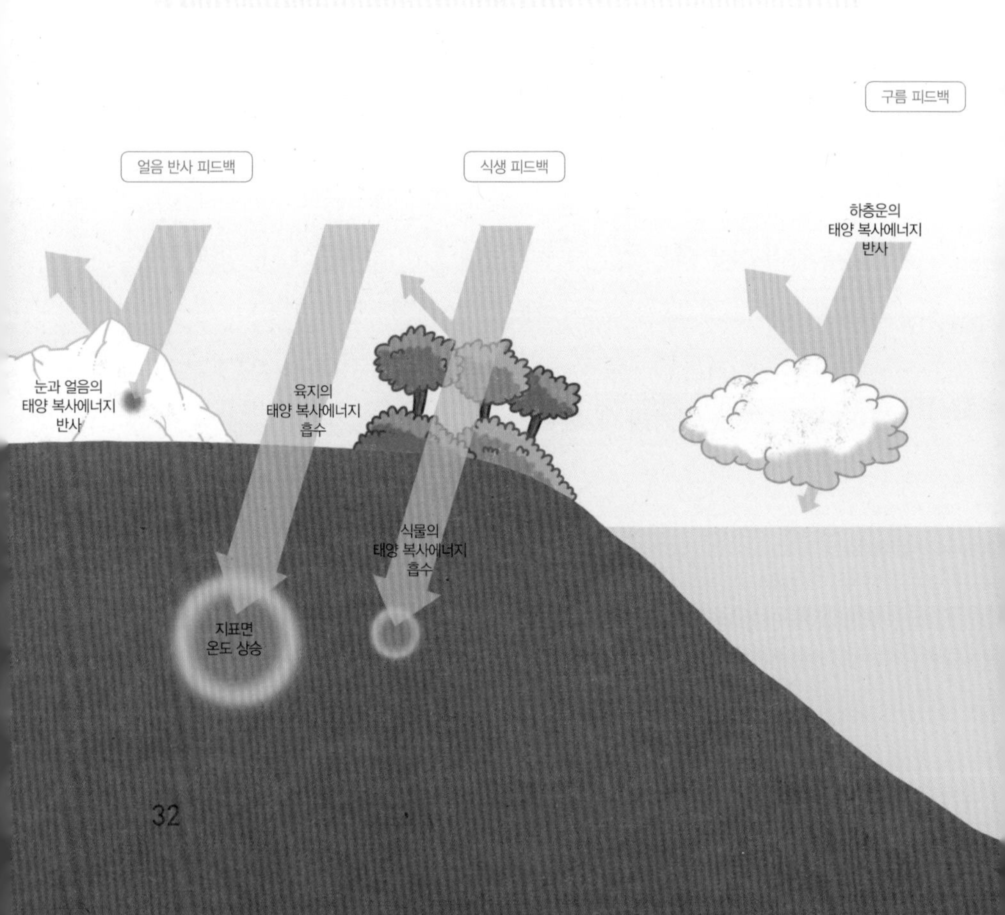

즉, 햇빛을 대부분 반사하던 해빙이 녹으면서 바다가 검푸른 색을 드러내게 되면, 해빙이 있을 때보다 햇빛이 바다에 더 많이 흡수된다. 이렇게 흡수된 열은 바닷물을 데우고 다시 해빙을 훨씬 더 많이 녹이게 된다. 이런 과정이 반복되면서 해빙은 현재 엄청난 양이 줄어들었으며, 향후 30년 이내에 북극의 여름철에는 해빙이 사라질 것으로 과학자들은 예상하고 있다. 이 외에도 북극에는 온난화에 따른 생물 활동 증가와 이에 따른 햇빛 흡수 강화에 의한 온도 상승, 영구동토층이 해빙하면서 발생하는 메탄과 같은 강력한

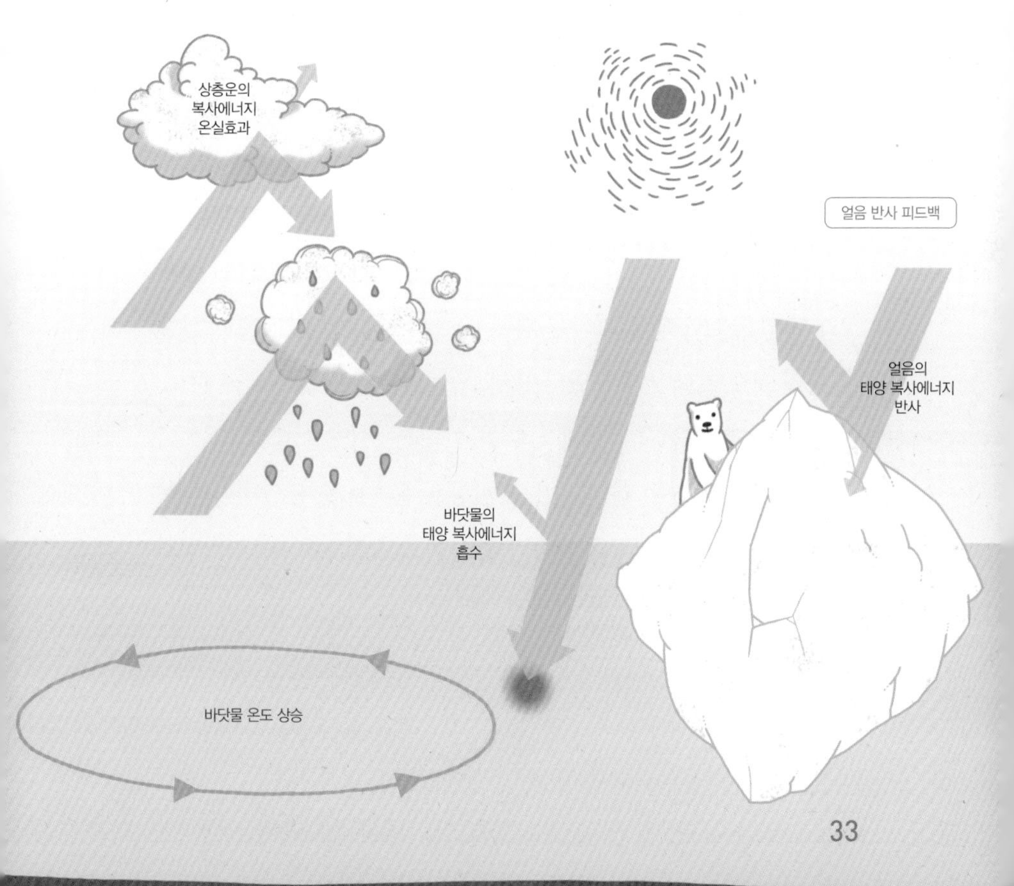

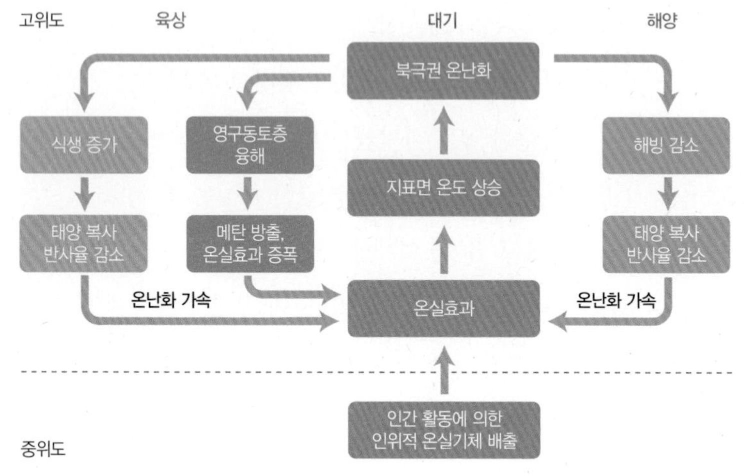

그림 1-5

북극 지역의 다양한 기후 피드백 메커니즘을 표시했다. 다른 지역에 비해 북극 지역의 온난화가 한층 빠르게 진행되는 이유는, 해빙의 얼음 반사 피드백을 비롯한 다양한 피드백 메커니즘이 작동하고 있기 때문이다.

온실기체 방출 등 과거에 유례를 찾아보기 힘들 정도로 다양한 온난화 증폭 메커니즘이 동작하고 있거나, 막 시작되고 있는 단계다. 그래서 앞으로도 북극 지역은 다른 곳보다 더욱 급격한 온도 상승을 보일 것으로 예상하고 있다(그림 1-6).

북극의 기온은 급격하게 상승하고 있다. 앞으로 30년 이내에 북극의 여름철에는 해빙을 보지 못할 지도 모른다.

앞에서 우리는 북극에서 일어나고 있는 다양한 피드백 현상을 살펴보았다. 그렇다면 북극은 얼마나 빨리 바뀌고 있으며, 또 그런 변화는 우리에게 어떤 영향을 미치고 있는 걸까?

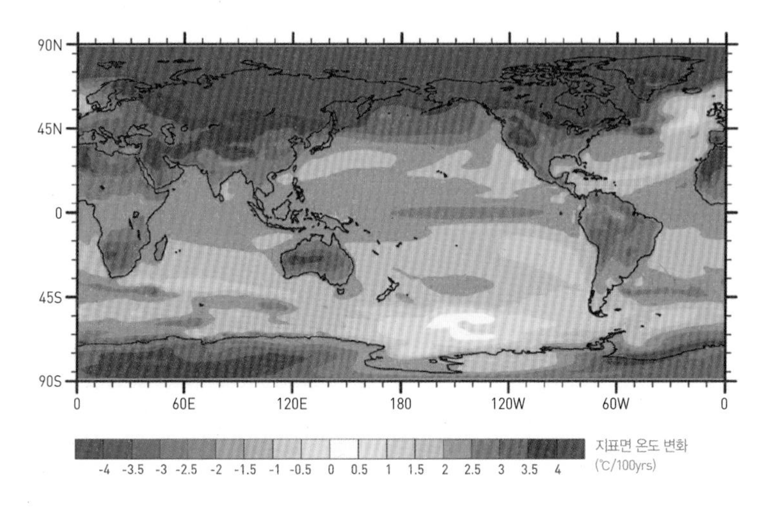

그림 1-6

미래의 지구 지표면 온도 상승 경향을 시뮬레이션한 그림이다. 2080~2099년의 연평균 지표면 온도에서 1980~1990년의 연평균 지표면 온도를 뺀 값을 지역별로 나타냈다. 단위는 ℃/100년. 그림에서 가장 붉게 표현되어 있는 북쪽 고위도 지방이 온도 상승이 가장 심할 것으로 예측된다. • Meehl, et al.(2006)의 그림을 수정.

먼저 그림 1-7을 보자. 이 그림은 겨울철 북극의 지표면 온도 변화(5년 평균, 푸른색)와, 같은 시기 북반구의 평균 온도(붉은색)를 나타낸 것이다. 1990년대 초까지만 해도 북극권의 온도 증가 경향이 크지 않은데 비해, 최근 20년 동안은 온난화가 가속되고 있다. 지구 전체의 평균 지표면 온도는 1970년 이후 상승폭이 증가했으나, 북극권의 온난화 경향은 그 증가폭이 훨씬 더 크다. 최근 20년간 북극 온난화가 급격하게 진행되고 있음을 알 수 있다. 특히, 최근 10년간

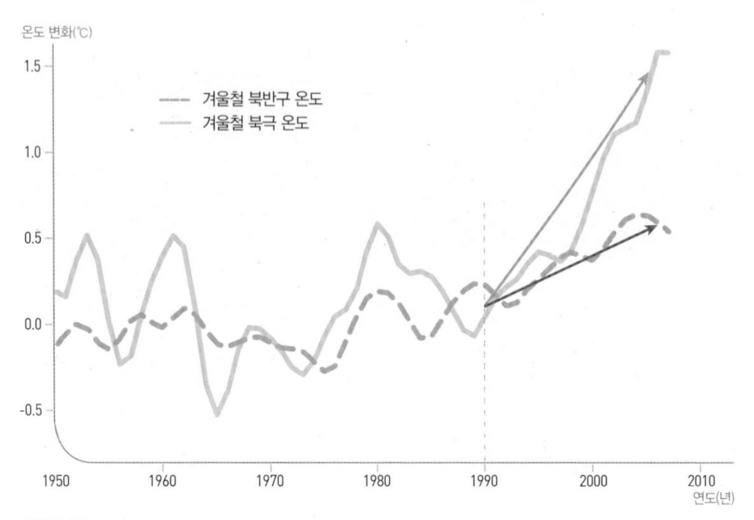

그림 1-7

1950년 이후 연도별로 나타낸 북반구 지표면의 온도 변화(붉은 점선)와 극 지역 지표면의 온도 변화(파란 실선). 두 그래프의 비교를 쉽게하기 위해 이동평균 방법*을 적용하였다. 여기서는 5년 이동평균, 즉 해당 연도와 그 앞과 뒤 각 2년치의 값, 즉 5년치 값의 평균을 적용하였다.

전 지구의 평균 지표면 온도는 상승폭이 매우 둔화되고 있는데 반해 북극권 온난화는 꾸준하게 진행되고 있는 것을 확인할 수 있다.

그럼 극지의 기후변화를 본격적으로 알아보기에 앞서, 극지란 어떤 곳인지 먼저 살펴보기로 하자.

* 이동평균moving average 방법은 특정 시점의 값 앞쪽과 뒤쪽의 여러 값들을 모아 함께 평균한다. 그래서 변화가 커 크게 튀는 값(노이즈 혹은 관측 오차 등)을 줄여 장기적인 변화를 살펴볼 수 있다.

Antarctic

2장 북극해와 남극 대륙

눈과 얼음의 왕국, 남극과 북극은 모든 사람들에게 한번쯤 가보고 싶은 곳입니다. 세상과 멀리 떨어져 태곳적 자연으로 돌아가고 싶은 마음은 누구나 갖고 있으니까요. 이 장에서는 남극과 북극의 얼음과 바다, 하늘과 바람을 알아봅니다. 춥고, 얼음이 많다는 것은 같지만, 서로 다른 점도 정말 많은 남극과 북극입니다. 펭귄은 남극 땅 위에 살고, 흰털곰은 북극 바다에서 볼 수 있죠. 이것도 다른 점 중 하나입니다. 또 어떤 다른 게 있을까요?

남극에는 여름에 식물이 자라.
땅이 있거든.

북극에는 식물이 거의 없는데.
바다랑 얼음뿐이거든.
그런데 북극 바닷물은 별로 안 짜다.

왜?

주위의 대륙에서 강물이 계속 들어오거든.
아마 세상에서 가장 싱거운
바닷물일지도 몰라.

북극은 싱거운 바다,
남극은 얼음 덮인 땅이네.

길가는 사람들에게 "극 지방 하면 무엇이 제일 먼저 생각나느냐?"고 물으면 대부분의 사람은 남극 펭귄과 북극곰이 떠오른다고 답한다. 맞는 이야기다. 하지만 딱 거기까지다. 극 지방까지의 거리만큼이나 사람들의 극 지방에 대한 이해도 멀기만 하다. 이제까지 극 지방에서 일어나는 일들은 모두 남의 동네 이야기였다. 잘 알지 못해 그런 것도 있고, 변화의 정도가 과거에는 그렇게 심하지 않았기 때문일 수도 있다. 하지만 최근 10여 년 동안 극 지방의 변화 속도는 눈에 띌 만큼 가속되고 있고, 그 빈도와 강도도 강해지고 있다. 심지어 중위도에 위치한 대한민국에 살고 있는 우리마저도 그 변화를 체감하고 있다. 그렇게 남의 동네 이야기가 이제는 우리 동네 이야기가 되어버렸다. 남극 펭귄과 북극곰으로 대표되던 극 지방이 이제는 보존해야할 대상일 뿐만 아니라, 현재 일어나고 있는 지구 시스템의 반응을 이해하고 미래를 예측해야할 중요한 연구 대상이 된 것이다.

북극은 영어로 'Arctic'이고, 남극은 반대를 표현하는 접두어 Ant가 붙은 'Antarctic'이다. 지역적으로 지구의 양쪽 끝에 있기에 단순히 모든 것이 반대라고 생각하지만, 뚜렷한 차이 못지 않게 서로 많은 부분이 닮아있다.

1 바다로 둘러싸인 대륙, 남극

남극은 대륙이다. 우리가 발을 딛고 설 수 있는 땅이다. 거기에는 산도 있고 흙도 있다. 다만 전체 면적의 98퍼센트가 두꺼운 눈과 얼음으로 덮여 있어 우리가 살고 있는 곳과는 그 모습이 전혀 다르다. 남극에서 볼 수 있는 대표적인 두 가지 색깔은 하늘의 옅은 푸른색과 눈과 얼음의 흰색뿐이다.

그림 2-1에 남극 대륙 지도와 단면도가 나와 있다. 남극 대륙의 면적은 약 1400만 제곱킬로미터로 아시아, 아프리카, 북아메리카, 남아메리카 다음의 다섯 번째로 크고, 한반도 면적의 약 60배에 달한다. 남극 대륙은 남극해(혹은 남빙양)라 불리는 바다로 둘러싸여 있다. 남극 대륙은 평균 높이가 약 2300미터, 제일 높은 곳은 빈손마시프로 최고 높이 4892미터를 자랑한다. 남극 대륙은 웨델 해와 로스 해를 가로지르는 남극종단산맥에 의해 두 지역으로 나뉜다. 이 종단산맥의 서쪽 지역과 웨델 해의 서쪽 해역, 그리고 로스 해의

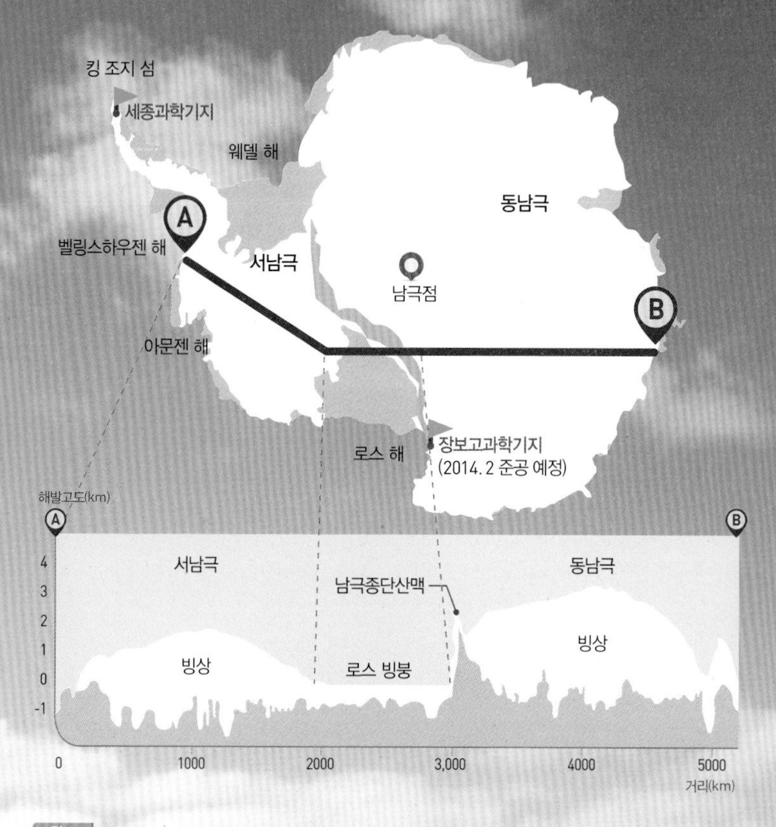

그림 2-1

남극 대륙을 위에서 내려다본 모습과 동-서 단면을 나타낸 그림. 남극 대륙은 두꺼운 얼음과 눈으로 덮여있다. 남극종단산맥을 기준으로 동남극과 서남극으로 나뉜다.

동쪽 해역을 합해 서남극이라 하고, 나머지 지역을 동남극이라고 한다. 동남극 지역의 빙상은 서남극에 비해 조금 더 두껍다. 두꺼운 곳은 3킬로미터 이상 되는 곳도 있다.

남극은 평균 2~3킬로미터의 두터운 얼음으로 뒤덮힌 대륙이다.

남극은 북극보다 춥다. 남극이 북극보다 추운 이유는, 우선 남극 대륙은 평균 2~3킬로미터의 두터운 얼음으로 덮여있어 해발고도가 높다. 즉, 남극에서는 어디에 있더라도 2000미터 이상의 산 위에 있는 셈이다. 우리가 등산을 갈 때, 높이 올라갈수록 추워지는 것과 마찬가지다. 고도가 높아질수록 기온이 낮아지기 때문이다(그림 4-20 참조).

그리고 남극은 땅이 얼음으로 덮혀있는 반면에, 북극은 바다 위에 얼음이 떠 있다. 북극은 육지에 비해 상대적으로 열용량이 큰 바다가 해빙에 열을 전달하기 때문에, 남극보다 덜 춥다. 하지만 남극 대륙은 지형적 조건과 주변의 기압 패턴에 의해 바람이 심하게 불어, 상대적으로 따뜻한 바다의 공기가 내륙으로 전해지지 않는다. 그래서 남극은 북극보다 춥다. 남극의 연평균 기온은 영하 23도다. 가장 기온이 낮았을 때는 1989년 러시아 보스토크 기지에서 영하 89.2도까지 기록된 적이 있다. 남극의 해안 주변에는 눈폭풍과 저시정을 동반한 강력한 바람인 블리자드가 시시때때로 발생한다.

그럼 이제는 남극 대륙을 둘러싸고 있는 바다를 살펴보자. 그림 2-2에서 볼 수 있듯이, 남극해의 가장 큰 특징은 시계 방향(동쪽)으로 흐르는 고리 모양의 남극순환류다. 남극순환류는 약 2만 킬로미터를 돌면서 남극 대륙을 감싸고 있으며, 지구상에 존재하는 해류 중 유일하게 지구를 일주한다. 칠레의 남단과 남극 반도 사이에 있는 드레이크 해협을 지날 때는 갑자기 단면적이 좁아지는 병목효과로 수송량이 엄청나게 증가해 약 140스베드럽*으로 빠르게 흐르기도 한다.

남극순환류 주변에는 다른 성질의 수괴와 해류가 만나는 전선front들이 발달한다(그림 2-2 참조). 이 전선들은 계절과 경도에 따라 크게 다른데, 태평양과 접하고 있는 해역은 남쪽으로 수축되어 있고, 대서양, 인도양과 접하고 있는 해역은 북쪽으로 확장된 양상을 보인다. 아남극 전선과 극지 전선이 대표적인 남극 주변 전선이며, 그 사이에서 남극순환류가 일년 내내 동쪽(시계 방향)으로 흘러간다. 전선 하나가 남극순환류의 움직임을 결정하는 것은 아니고, 여러 개로 구성된 전선들이 하나의 시스템을 이루어 남극순환류의

* 스베드럽Sverdrup, Sv은 해양 순환에서 수송량을 표시하는 단위로, 노르웨이의 해양학자 하랄 스베드럽Harald Sverdrup의 이름을 따서 만들어졌다. 1Sv는 $10^6 m^3/s$이다. 예를 들어, 우리나라와 일본 사이의 대한 해협에 흐르는 쓰시마 난류가 약 2Sv의 수송량으로 동해에 유입된다. 140Sv이 얼마나 많은 양인지 짐작할 수 있을 것이다.

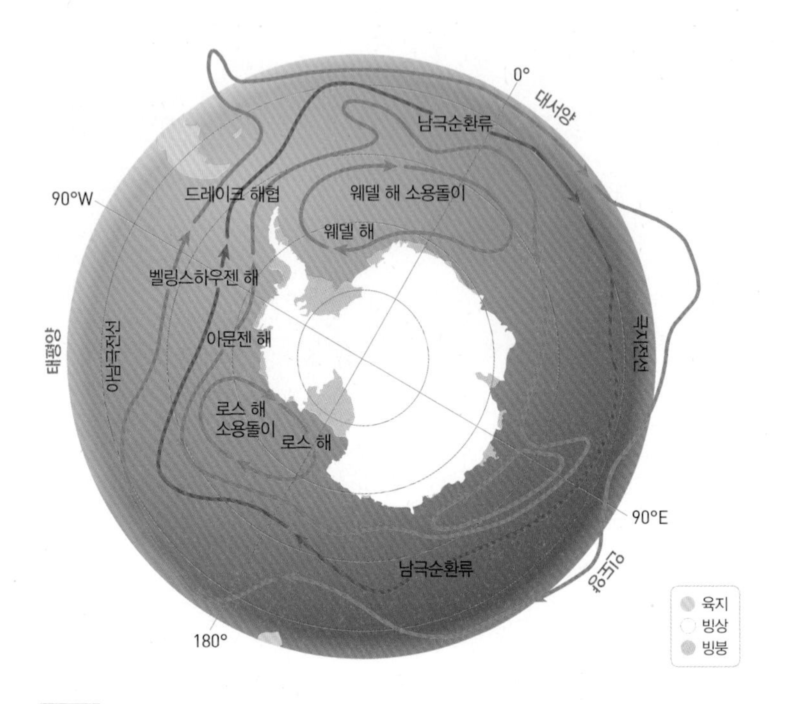

그림 2-2

남극 대륙 주변의 해류도. 남극 대륙을 둘러싸고 시계 방향으로 흐르는 남극순환류가 특징이다.

움직임을 결정한다. 이들 전선은 남북으로 진동하기 때문에, 남극 대륙의 움푹 들어간 해역에는 큰 소용돌이가 형성된다. 웨델 해와 로스 해에서 이런 현상이 관측되며, 그로 인해 대륙사면 인근에서는 오히려 서쪽으로 흐르는 강한 해류가 나타나기도 한다.

남극순환류는 남극 대륙에만 국한된 것이 아니라, 태평양, 대서양, 인도양을 포함한 모든 대양의 해류 순환과 연결돼 있다(그림 2-3 참조). 한쪽 바다에서 일어나는 변동이 지구 저편 멀리 떨어진 다른 해양에도 영향을 주는 '원격상관tele-connection' 현상으로, 남극순환류는 전 지구적인 기후변화의 지시자이자 반응자가 된다. 따라서 남극 대륙 주변의 해류를 통해 전 지구적인 열염분순환*의 변화를 알아낼 수 있다.

북대서양에서 가라앉으며 시작되는 심층수 순환은 대서양을 따라 적도를 지나 남반구로 내려오고, 남극 대륙과 만나는 해역에서 해수면으로 다시 상승한다. 이 현상은 남극 대륙 주변을 감싸며 강하게 불고 있는 거대한 남극소용돌이에 의해 에크만 수송(3장 5절 참조)이라는 바닷물의 움직임이 생겨 남극 표층의 바닷물을 바깥쪽(북쪽)으로 이동시키고, 이를 메우기 위해 아래에 있는 심층수가 용승upwelling하기 때문에 일어난다.[2]

남극순환류를 통해 표층과 심층 사이의 순환은 물론, 저위도와 고위도(극 지역)사이의 순환에 일어나는 변화도 파악할 수 있다. 저위도와 고위도 사이의 순환은 기본적으로 열의 지역적 불균형에 의해 발생한다. 지구 기후 시스템에서 저위도는 열이 넘쳐나는 근

* 이 책에서 염분은 단위 질량의 바닷물에 녹아있는 염의 질량, 즉 농도를 나타내는 말로 사용한다. 일상적으로 사용하는 염분, 즉 (바닷물에 녹아있는) 소금 성분이라는 뜻과는 다르게 사용했다.

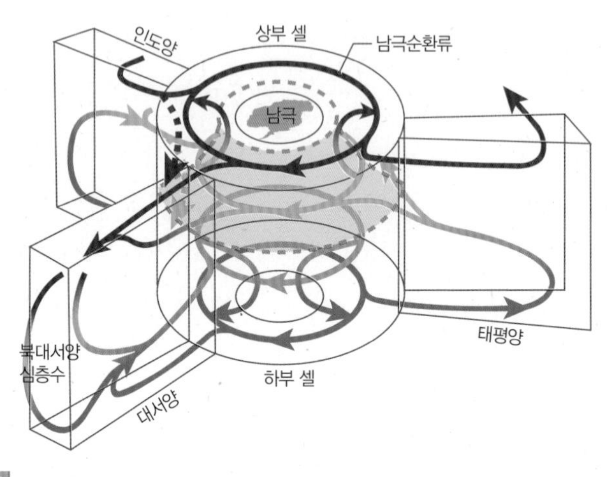

그림 2-3

남극을 중심으로 남극해와 태평양, 대서양, 인도양의 열염분순환을 입체적으로 나타냈다. 남극 대륙 주변의 해류와 전 지구 해양 순환의 연결 관계가 표시돼 있다. 심층에 있는 해류(푸른색)는 남극 대륙 주변의 순환류(녹색 혹은 노란색)와 합류하여 표층에 있는 해류(붉은색)와 연결된다. 선의 색깔은 바닷물의 밀도를 나타낸다. 붉은색 < 노란색 < 녹색 < 푸른색의 순서로 밀도가 커진다. 선과 화살표는 특정 해류를 지시하기보다는 열염분순환의 일반적인 경로와 방향성을 나타낸다. • Lumpkin and Speer(2007)의 그림을 수정.

원이고, 고위도는 열이 부족하여 받아들이는 공간이 된다. 적도 지방이 일년 내내 받는 태양의 복사에너지는 극 지방에 비해 약 5배 정도나 많다.[3]

따라서 열적 불균형 상태를 해소하기 위해 저위도에 누적된 열이 대기와 해양의 순환을 통해 고위도로 이동한다. 지구 전체로 봤을 때, 열 순환의 약 60퍼센트를 대기가 담당하고, 나머지 40퍼센트를 해양이 맡는다.

남극은 주인 없는 땅이다. 달리 말하면, 지구 위에 살고 있는 모든 지구인의 땅이 바로 남극이다. 국경도 없고 국가도 없다. 1959년 12개국에 의해 협정된 남극 조약에 의해 남극은 평화적인 목적으로만 이용이 가능하다. 과학조사와 국가 간의 교류는 허용하되, 영유권은 주장할 수 없게 된 것이다. 또한 군사 행동과 자원 개발은 금지된다. 이런 조약을 무시하고 몇몇 국가들이 남극 대륙의 일부 지역에 자신들의 영유권을 주장하고 있지만, 국제사회에서 공식적으로 인정받지 못하고 있다. 현재 총 50개국이 남극 조약에 가입한 상태다. 우리나라도 1986년에 남극 조약에 가입해, 1989년 영유권 비주장 자문회원국 자격을 획득했다.

2 대륙으로 둘러싸인 바다, 북극

북극은 바다다. 보다 정확히 표현하면 '북극해'가 맞다. 북극해의 면적은 1200만 제곱킬로미터로, 전체 면적의 절반이 수심이 얕은 대륙붕으로 구성된 특이한 해저 구조를 가진 바다다. 그래서 면적은 지구 전체 바다 면적의 약 3퍼센트지만, 부피로는 약 1퍼센트밖에 되지 않는다.

하지만 북극해로 유입되는 담수량은 전 세계 바다로 유입되는 담수의 10퍼센트를 차지할 정도로 많다. 이것은 북극해를 둘러싸

남극은 대륙이다.
우리가 발을 딛고 설 수 있는 땅이다.
그곳에는 산도 있고 흙도 있다.
다만 전체 면적의 98퍼센트가 두꺼운 눈과 얼음으로 덮여 있다.
남극에서는 하늘과 바다의 옅은 푸른 빛과, 눈과 얼음의 흰색뿐이다.

북극은 바다다. 북극해를 둘러싸고 있는 주변 대륙의 많은 강을 통해 강물과 눈, 얼음이 녹은 담수가 유입된다. 북극해는 염분이 낮아 가장 짜지 않은 바다 중 하나다.

고 있는 주변 대륙의 많은 강을 통해 강물과 눈, 얼음이 녹은 담수가 유입되기 때문이다. 이렇게 북극해로 공급되는 강물 및 강수 유입량은 연간 약 3300세제곱킬로미터에 달한다. 이 값은 북극해 전체를 평평하게 덮는다고 가정할 때, 연간 약 35센티미터에 해당한다.

그래서 북극해는 여름이면 염분salinity이 무척 낮아져, 표층의 염분이 26psu까지 감소하기도 한다. 보통 바다의 염분이 평균 약 35psu인 것과 비교하면, 이 값은 상당히 낮은 편이다. 다시 말해 북극해의 바닷물은 일반 바닷물보다 훨씬 덜 짠 물인 셈이다. 세상에서 가장 싱거운 바다 중 하나가 바로 북극해다. 참고로, 북위 30~45도에 위치한 유럽의 지중해는 반건조 고온 기후에 주변이 육지로 둘러싸인 고립된 지형으로 항상 수온이 높아 증발이 많을 수 밖에 없어 가장 짠 바다 중 하나다.

바닷물의 짠맛은 어떻게 표현할까?

바닷물 1킬로그램에는 약 35그램의 염이 녹아있다. 그래서 바닷물은 먹어보면 강물과 달리 짠맛이 난다. 전 세계 바다의 염분은 거의 일정하지만, 장소에 따라 강수량이나 담수 유입량, 증발량 등에 따라 조금씩 달라진다.

바닷물에 얼마나 많은 염이 녹아있는지 알기 위해 염분을 측정한다. 염분이란, 바닷물 1킬로그램을 건조했을 때 남아있는 고형물질의 전체량을 말하는데, 보통 천분율(‰, '퍼밀'이라고 읽는다)로 표시한다. 하지만 현재는 1981년 유네스코 보고서에서 제안한 실용염분단위practical salinity unit, psu를 많이 사용한다.[4] 이는 염화칼륨 표준 용액의 전기전도도와 해당 바닷물의 전기전도도 비율로 나타낸 것이다. 바닷물에 녹아있는 염은 이온 상태로 존재하여 아주 미량

러시아와 미국의 알래스카 사이에 있는 베링 해협은 우리나라에서 북극해로 갈 수 있는 유일한 태평양쪽 출입구다(그림 2-4 참조). 깊이가 약 50미터, 폭이 85킬로미터 밖에 되지 않는 이 해협을 통해 연평균 약 0.8스베드럽의 바닷물이 북태평양에서 북극해로 유입된다. 비슷한 규모의 대양과 대양 사이의 바닷물 교환에 비교한다면, 상대적으로 낮은 수송량이다.[5]

하지만 북극해 표층 담수의 분포와 해빙의 변동에 아주 중요한 영향을 미치고 있어, 최근 이 해역이 주목받고 있다. 특히 2012년 여름 북극 해빙의 역대 최소 면적 기록이 깨지면서, 해빙이 녹는 원인으로 북태평양기원 온난수를 지목하고 있다. 이런 태평양기원 해수의 수송을 통해, 연간 1670세제곱킬로미터의 바닷물이 북극해에 공급된다. 이는 북극해 전체를 평평하게 덮는다고 가정할 때, 연간 약 18센티미터에 해당하는 양이다.[6]

베링 해협을 통해 상대적으로 따뜻한 태평양 기원의 해수가 염

이지만 전기가 흐른다. 그리고 이렇게 바닷물에 녹아있는 염은 그 양이 늘어나면 전기전도도도 그에 비례하여 증가한다. 이런 성질을 이용해 바닷물에 녹아있는 물질의 양을 직접 측정하지 않고 전도도 센서를 이용해 염분을 알아낼 수 있다.
psu는 상대적인 값으로 그 값은 단위가 없이 무차원이다. 퍼밀 단위와의 혼동을 줄이기 위해, psu값은 바닷물의 평균 염분 35퍼밀에 기준을 맞추었다. 따라서 평균적인 바닷물의 경우 퍼밀과 psu값이 거의 같다. 하지만 작은 값의 차이로도 바닷물의 특성이 변하고 움직임이 현저하게 달라지기 때문에 두 단위가 동일한 것으로 생각해서는 안 된다. 최근 일부 과학 저널에서는 염분 단위를 표시하지 않기를 권하기도 한다.

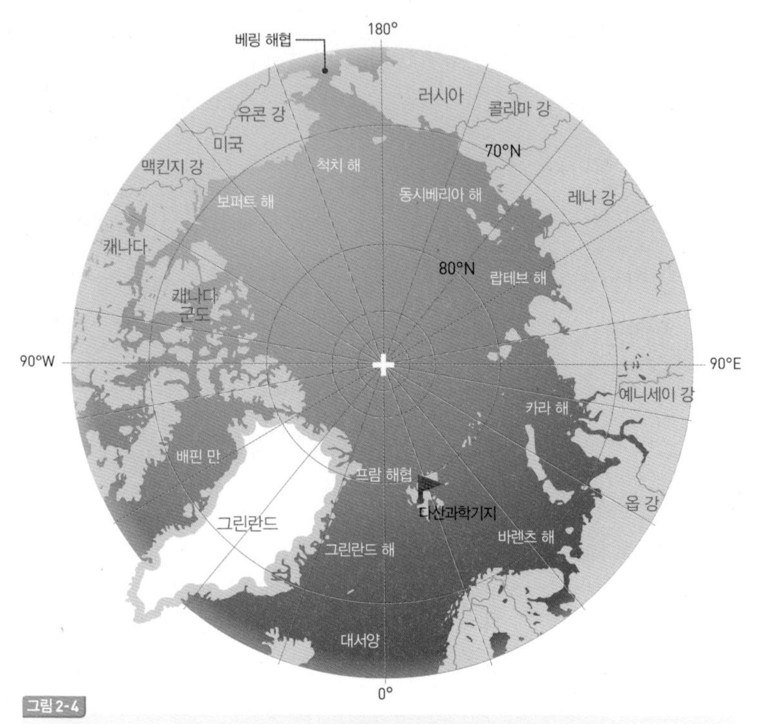

그림 2-4

대륙으로 둘러싸인 북극해. 북극해는 그림 위쪽의 베링 해협을 통해 태평양과 바닷물을 교환하고, 아래쪽 프람 해협을 통해 대서양과 바닷물을 주고 받는다. 그림 왼쪽의 북아메리카와, 오른쪽 러시아의 여러 강에서 많은 양의 강물이 유입된다. 왼쪽 아래에 눈과 얼음이 덮여 하얗게 표시된 그린란드가 있다.

분과 온도에 따른 밀도차에 의해 북태평양에서 북극해로 지속적으로 유입된다. 크게 세가지 경로를 따라 유입되는 데, 가장 동쪽에 위치한 알래스카 연안류가 수온은 가장 높지만 염분은 가장 낮다. 이 바닷물은 척치 해로 유입된 후, 수온약층 상부에 자리잡고 캐나다 해양분지 쪽으로 이동한다. 이 과정에서 수온이 낮아지고 염분은 감소한다. 그러다 시계 방향으로 순환하는 보퍼트 소용돌이에 의해 만들어진 표층해류와 만나면서 더욱 북쪽으로 이동하고, 북극횡단해류를 통해 결국에는 북대서양 쪽으로 빠져나간다(그림 2-5 참조).

대서양 쪽 출입구는 그린란드 동쪽에 위치한 프람 해협이 대표적이다. 베링 해협보다 폭이 커 태평양 쪽보다 비교적 넓은 해역이 대서양과 연결되어 있다. 대서양을 통해 유입된 따뜻한 해류는 태평양 기원의 해수보다 밀도가 높기 때문에 주로 심층에 존재한다. 대서양 해류는 해저 지형을 따라 이동하는데, 경계류*의 특성을 보여 주로 해양분지의 경계가 되는 대륙사면을 따라 이동한다. 이렇게 유입된 대서양 기원의 해류는 척치 해까지 유입되어, 심층에서 시계 반대 방향으로 흐른다(그림 2-5 참조).

북극해는 단순하게 비유하면, 두 개의 바닷물이 유입되는 큰 물웅덩이라고 할 수 있다(그림 2-6). 북태평양과 북대서양에서 유입되는 바닷물로 구성되지만, 밀도차로 인해 두 바닷물은 수심에 따

* 경계류boundary current는 해양분지oceanic basin의 경계면, 즉 해안선을 따라 흐르는 해류를 말한다. 규모가 큰 경계류로는 태평양 서쪽 경계면을 따라 흐르는 쿠로시오 난류가 대표적이다. 북극해처럼 상대적으로 규모가 작은 분지 지형을 따라 흐르는 해류도 경계류라 부르며, 프람 해협에서 유입되는 북대서양 해류가 이에 해당된다.

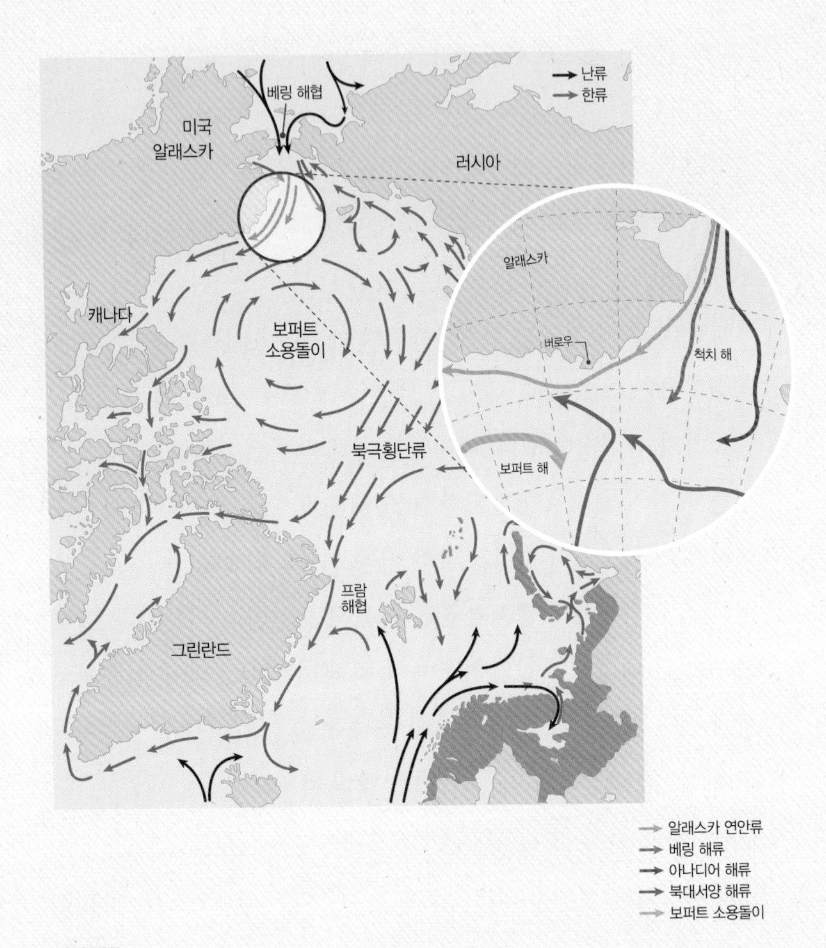

그림 2-5

북극해의 해류 흐름. 북태평양에서 베링 해협을 통해 유입된 해류가 보퍼트 소용돌이를 거쳐 북대서양 쪽 프람 해협으로 빠져나간다. 시계 방향으로 순환하는 보퍼트 소용돌이는 북극해 해빙의 이동을 결정하는 중요한 요소다. 붉은색 화살표로 표시된 따뜻한 바닷물이 북태평양과 북대서양에서 유입되고 있다. 북태평양에서 베링 해협을 통해 유입되는 세가지 해류가 원 안에 나타나 있다. 원 안 가장 왼쪽에 알래스카 연안류가 보인다.

라 분리되어 성층화 상태를 이룬다. 즉, 바다 아래 쪽에는 상대적으로 무거운 대서양 기원의 해수가, 바다 위 쪽에는 태평양 기원의 해수가 존재한다.

북극해의 표층에서 염분이 낮은 것은 해빙이 녹으면서 담수가 많이 흘러들어갔기 때문이다. 그리고 심층에 비해 표층의 온도가 높은 것은 태양열에 의한 가열 효과 때문이다.

북극해를 우리 주변의 동해와 비교해 보면, 동해는 수심이 깊어

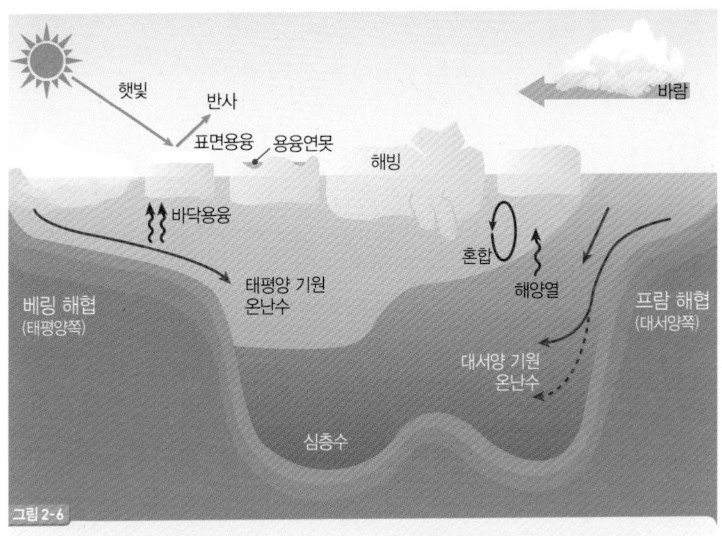

그림 2-6

북극해로 유입되는 태평양과 대서양 기원의 난류 분포를 나타냈다. 대서양에서 유입되는 해수의 밀도가 태평양 기원 해수에 비해 상대적으로 커 심층으로 유입된다. 태평양에서 유입되는 해수는 밀도가 작아 표층 부근으로 유입되면서, 북극해의 해빙을 녹이는데 큰 역할을 한다. 최근 척치 해 부근에서 발생하고 있는 급속한 해빙면적 감소의 원인으로 태평양 기원의 고온수가 지목되고 있다. • Carmack and Melling(2011)의 그림을 수정.

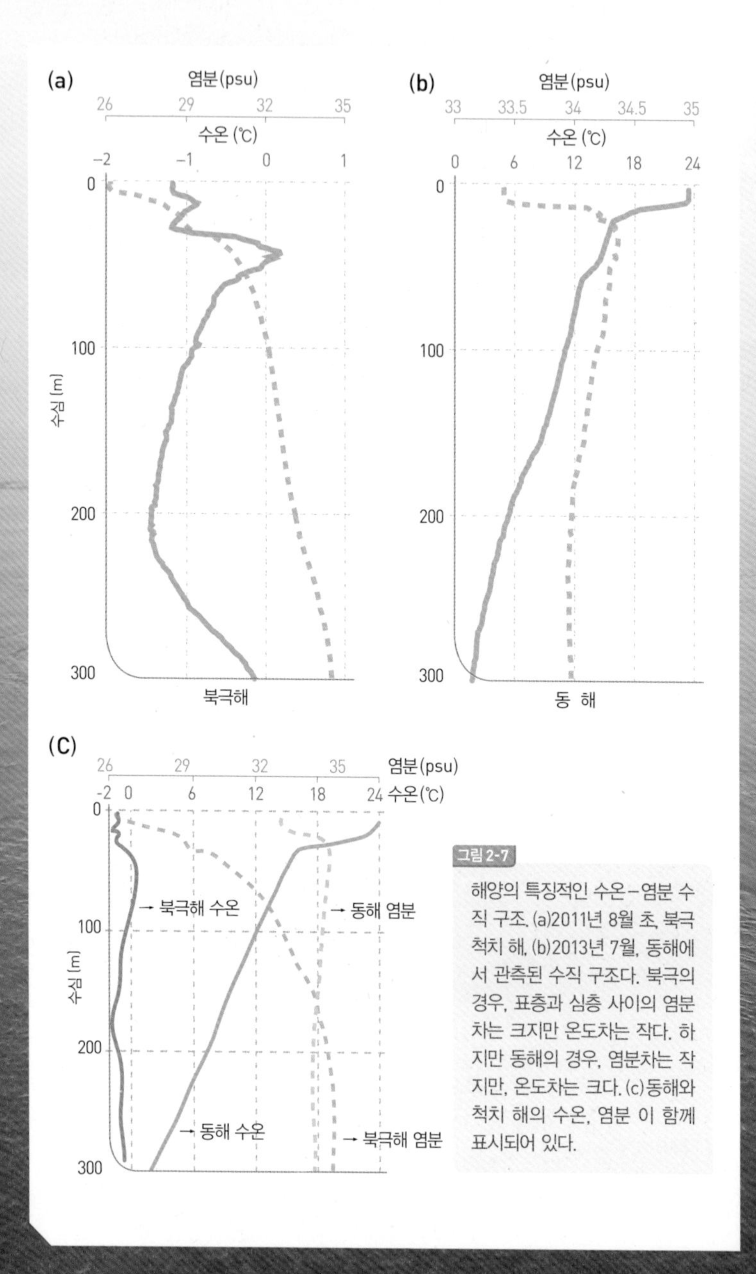

그림 2-7

해양의 특징적인 수온–염분 수직 구조. (a)2011년 8월 초, 북극 척치 해, (b)2013년 7월, 동해에서 관측된 수직 구조다. 북극의 경우, 표층과 심층 사이의 염분차는 크지만 온도차는 작다. 하지만 동해의 경우, 염분차는 작지만, 온도차는 크다. (c)동해와 척치 해의 수온, 염분 이 함께 표시되어 있다.

지면서 온도가 점진적으로 감소하지만, 북극 척치 해의 경우 수심 50미터 부근에서 표층수온 최대값을 보이다 점차 감소하고, 200미터 부근에서 다시 증가하기 시작한다(그림 2-7 참조). 50미터 이하에서 발견되는 고온의 해수는 북태평양에서 유입된 것이고, 200미터 부근에서 발견되는 고온의 해수는 대서양에서 유입된 것이다. 두 수괴 사이에 존재하는 상대적으로 저온의 해수는 직전 겨울철에 형성된 태평양 기원의 해수다.

남극과 달리, 북극해 주변은 주인이 있는 땅이다.

북극해 연안 8개국(미국, 캐나다, 러시아, 노르웨이, 덴마크/그린란드, 스웨덴, 핀란드, 아이슬란드)에 의해 둘러싸여 있다. 이들 국가로 구성된 북극이사회에서 각국의 외교 활동과 경제적 이익에 관한 안건들이 논의되고 결정된다. 우리나라는 임시 옵저버 자격을 유지하다가, 2013년 5월 스웨덴 키루나에서 열린 제 8차 북극이사회 각료회의를 통해 영구 옵저버 자격을 획득했다. 우리도 이제 북극에 관한 중요한 의사결정 과정에 우리나라의 입장을 효과적으로 반영할 수 있게 되었다. 또한 북극 관련 외교와 경제적 이해 관계의 증진은 물론, 북극 지역의 환경보호에도 적극 동참할 수 있게 되었다.

극지의 녹아내리는 얼음이 지구온난화를 재촉한다

남극과 북극의 얼음이 많이 녹고 있다고 합니다. 원래 얼음이란 것이 겨울에 얼었다 여름에 녹는 게 맞기는 한데, 그보다 훨씬 더 심해서 사람들이 관심을 갖고 연구를 하고 있습니다. 남극과 북극의 얼음이 녹으면 도대체 어떤 일이 일어나는 걸까요? 그리고 왜 그렇게 다들 심각하게 생각하는 걸까요? 멀리멀리 떨어져 있는 우리나라에도 극 지방의 얼음이 녹는 게 문제가 될까요?

오늘도 얼음이 많이 녹았네.
지난 여름에는 바다에 얼음이 거의 없더니,
올 겨울에도 겨우 이것 밖에 얼음이
얼지 않았어. 큰일인걸.

맞아, 바닷물이 눈에 띄게 따뜻해졌어.
얼음이 녹아서 그런지,
바다가 더 따뜻해진 것 같다니까.

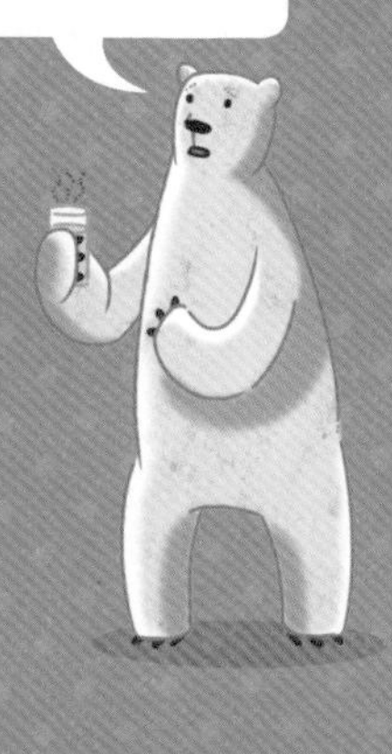

북극이 얼마나 추운데,
바다가 따뜻해진다고 그래?

아냐, 진짜 바다가 따뜻해지고 있대.
햇빛이 많이 비치면 얼음이 많이 녹고,
그럼 바닷물도 따뜻해진다니까.
그게 다 얼음이 햇빛을 반사하지 못해서 생기는
얼음 반사 피드백 때문이야.

1 해빙의 기후 피드백 메커니즘

순수한 물의 어는점은 섭씨 0도다. 하지만 물에 소금 성분*을 약 5그램씩 녹일 때마다, 어는점은 약 0.28도씩 낮아진다. 그래서 일반적인 바닷물(염분 35 psu)의 어는점은 섭씨 약 -1.9도다. 바닷물이 어는점 아래로 내려가 얼어붙거나, 육지에서 만들어진 후 흘러내려와 바다에 떠 있는 얼음을 해빙이라 한다. 해빙이 해안선을 따라 얼어붙으면 정착빙이 되고, 강한 바람이나 해류에 의해 바다를 떠다니면 유빙이 된다. 이렇게 만들어진 해빙은 햇빛이 거의 없는 추운 겨울에 두꺼워졌다가 햇빛이 비치기 시작하는 이듬해 봄부터 가을 사이에 녹아내린다.

* 바닷물에는 염화나트륨$NaCl$, 염화마그네슘$MgCl_2$, 황산나트륨Na_2SO_4, 염화칼슘$CaCl_2$, 염화칼륨KCl 등의 물질이 녹아 있고, 이렇게 바닷물에 녹아있는 무기염류를 통칭하여 소금이라 한다. 이들 염은 물에 녹아 바닷물에는 이온 상태로 존재한다. 전체 소금의 약 75~80%가 염화나트륨이다.

해빙에 따라서는 여름에 모두 녹아내려 일생을 마치기도 하지만, 일부 얼음은 녹지 않은 상태로 겨울을 맞이하고, 다시 겨울철에 보다 두꺼운 해빙으로 변한다. 이렇게 여러 해를 겪으며 살아남은 해빙을 다년빙이라고 한다. 다년빙의 경우, 두께가 2미터 이상이고, 표면도 울퉁불퉁하다. 직전 겨울에 만들어진 해빙을 일년빙이라고 한다. 일반적으로 일년빙은 색이 깨끗하고 표면이 다년빙에 비해 매끈한 편이다. 다년빙은 지나온 시간만큼 다양한 과정을 거치며 색이 지저분해져 갈색빙이라고도 불린다. 여러 해빙과의 충돌로 표면이 거칠고 중간중간에 뾰족한 구조가 자주 관찰된다.

해빙은 우리가 살고 있는 지구 시스템의 에너지가 평형을 유지하는데 매우 중요한 역할을 하고 있다. 앞에서 설명했듯이, 지구 시스템의 피드백 메커니즘 중 가장 강력한 얼음 반사 피드백의 조절자가 바로 해빙이다. 그래서 만약 지구온난화로 해빙이 급격히 감소한다면, 기후변화는 더욱 증폭될 수 밖에 없다. 그 이유를 살펴보자.

북극의 해빙은 햇빛의 대부분을 반사한다. 얼음 반사 피드백이다. 해빙이 녹아 줄어들면 햇빛은 얼음에 반사되지 않고 바닷물에 에너지를 전달해 북극의 기온은 올라간다.

첫째, 해빙은 지구로 들어오는 햇빛을 반사한다. 해빙의 표면은 대부분 흰색이기 때문에 햇빛을 효과적으로 반사할 수 있다. 그러나 바닷물은 그에 비해 검푸른 색을 띠기 때문

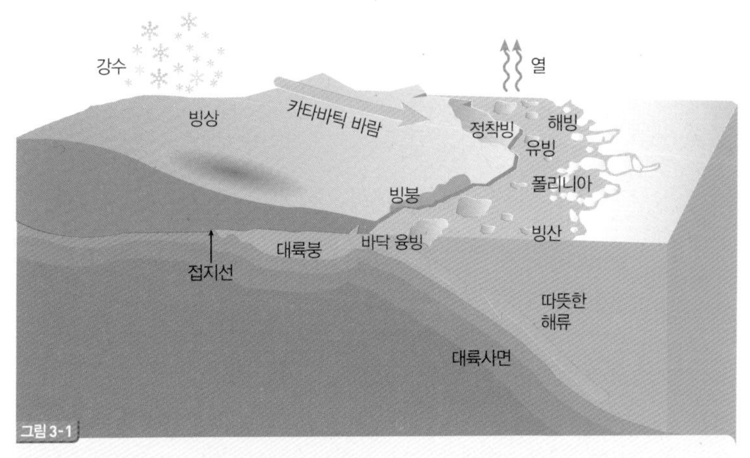

극지에 만들어지는 다양한 종류의 눈과 얼음들.

에 태양의 복사에너지를 많이 흡수한다. 온실효과에 의해 해빙이 녹기 시작하면 검푸른 바다가 훨씬 많이 드러나게 되어, 알베도 albedo*가 감소하고 더욱 많은 태양 복사에너지를 흡수한다. 이로 인해 해양이 지니는 열에너지는 더욱 늘어나고, 이는 해빙을 다시 가열하게 되어 또다시 해빙의 감소 속도가 증가하는 피드백 현상이 발생한다. 이것이 북극의 기후변화에서 가장 중요한 얼음 반사 피드백이다.

* 햇빛을 반사하는 비율로, 0에서 1사이 값으로 표현한다. 전부 반사할 경우를 1, 모두 흡수할 경우를 0으로 설정한다. 눈의 알베도는 0.6~0.8, 얼음의 알베도는 0.3~0.4, 바닷물의 알베도는 얼음의 1/5수준인 0.05~0.08이다. 지구의 평균 알베도는 0.3이다.

둘째, 해빙은 해양이 지니고 있는 열에너지를 대기에 빼앗기지 않게 막아준다. 일종의 바다 담요인 셈이다. 바다가 지니고 있는 열은 해빙에 의해 대기와 직접 접촉하지 못한다. 오히려 해양의 열이 해빙의 두께와 양을 일정한 상태로 유지시켜 주면서, 대기로 열이 방출되지 않고 해양에 머물러 있는 것이다. 그런데 이런 담요와 같은 해빙이 줄어든다면 대기와 해양이 바로 접촉하면서 열교환이 활발해져 해양에 축적된 열이 대기를 덥히는데 사용되고 지구온난화를 가속하게 된다.

셋째, 해빙은 담수가 얼어 만들어진다. 겨울에 해빙이 생성되는 과정에서 바닷물에 포함된 여러 이온들은 빠져나오고 순수한 물만 주로 얼게 된다. 이 과정을 '염분 배출'이라 한다. 그 결과 주변 해수의 염분이 증가하여 밀도가 높아진다. 이렇게 염분 배출 과정을 통해 밀도가 높아진 표층 해수가 심층으로 가라앉으면서 전 해양을 도는 열염분순환이 유발된다.

넷째, 해빙이 여름철에 녹게 되면 녹은 물은 바다로 들어간다. 그 과정에서 표층해수의 염분이 낮아진다. 염분이 낮은 물은 밀도가 낮기 때문에 해양표면의 성층화*를 유발한다. 바닷물이 밀도에 따

* 바다 혹은 대기에서 아래쪽에는 밀도가 높은 무거운 물(공기)이, 위쪽에는 밀도가 낮은 가벼운 물(공기)이 서로 층을 형성하여 잘 섞이지 않는 안정한 상태.

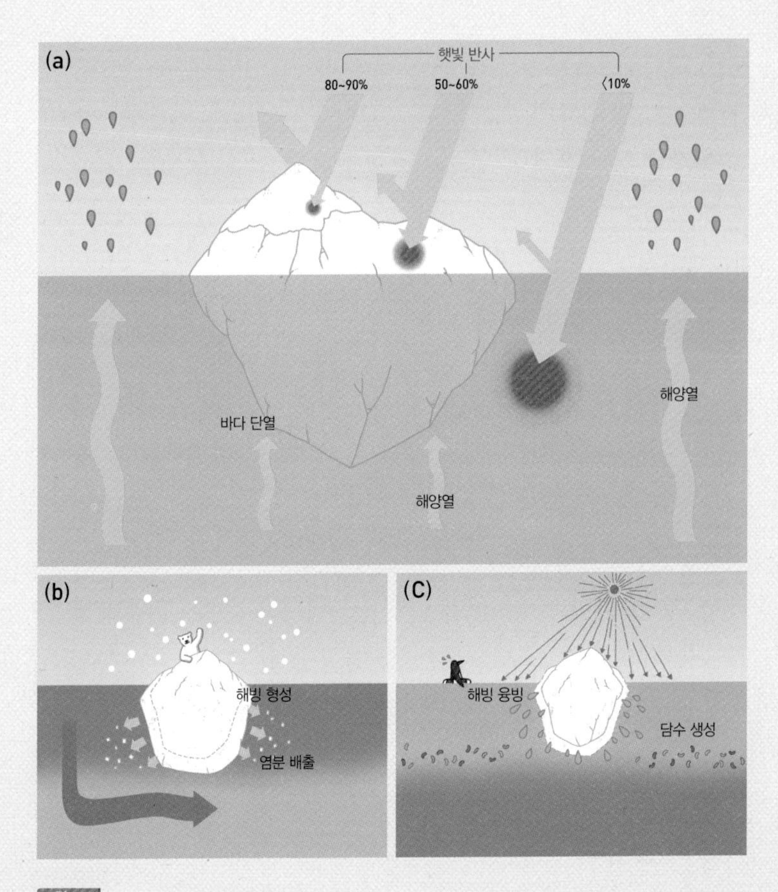

그림 3-2

해빙이 기후변화의 조절자로 작용하는 프로세스들을 나타냈다. 해빙은 햇빛 반사, 바다 단열, 염분 배출, 담수 생성 작용을 한다. (a)눈과 얼음, 바닷물은 햇빛을 반사하는 정도가 다르다. 따라서 해빙이 있을 경우와 해수면이 드러날 경우, 태양 복사에너지가 흡수되는 정도는 크게 달라진다. 또한 해빙은 해양열이 대기로 빠져나가지 못하게 막아준다. 해빙이 없는 '열린 바다'는 영하 20~30℃의 차가운 대기와 직접 접촉하면서 열을 잃어버린다. 반면, 해빙이 바다를 덮고 있으면 바닷물은 얼음과 열교환을 하며 열을 일정하게 보존한다. (b)겨울에 날씨가 추워지면 바닷물이 얼면서 염분이 빠져 나온다. 염분이 많아진 표층 해수는 밀도가 높아 심층으로 가라앉아 전 세계 바다를 순환한다. 밀도가 높아진 바닷물이 진한 푸른색으로 표시되어 있다. (c)여름에 날씨가 따뜻해지면 해빙이 녹으면서, 담수가 생성된다. 이렇게 생성된 담수는 표층 해수의 염분을 떨어뜨려 밀도를 낮춘다. 밀도가 낮아진 표층 해수가 옅은 푸른색으로 표시되어 있다.

라 아래 위로 분리되면서, 위 아래층의 열과 염분 교환이 더디게 일어난다. 예를 들어, 북극해로 유입되는 태평양과 대서양 기원의 따뜻한 해수는 현재 북극해에 존재하는 얼음을 녹이기에 충분한 열을 갖고 있다. 하지만 유입된 따뜻한 해수 위층에는 상대적으로 저온, 저염분의 해수, 즉 밀도가 낮은 해수가 존재한다. 이런 층이 존재하여 깊은 수심에 존재하는 해양의 열이 표층의 해빙으로 전달되는 것을 막아준다.

2 북극해에서 발견된 따뜻한 바닷물의 공격

남극과 북극의 기후변화를 일으키는 다양한 요인들 가운데 최근 주목 받고 있는 것이 물과 얼음 아래의 변화다. 사람들은 공기와 접해 살기 때문에 기후변화 원인의 대부분이 하늘과 맞닿은 육지와 대기에서 일어난다고 생각한다. 하지만 보이지 않는다고 없는

바닷물이 얼어서 만들어진 것이 해빙이다. 남극 대륙이나 그린란드에서 눈이 쌓여 만들어진 빙붕이나 빙상이 쪼개져 바다로 유입되어 만들어지는 것은 빙산이다. 빙산은 해빙과 만들어지는 과정이 다르다. 남극 대륙 주변에는 무수히 많은 크고 작은 빙산들이 존재한다.
이런 빙산들에도 이름이 있을까? 땅도 아니고 녹아 없어질 수도 있는 빙산에 이름을 붙이는 게 의미가 있을까 생각할 수도 있다. 하지만 빙산에도 고유의 이름이 있다. 미국 국립빙하센터 **US National Ice Center**에서 빙산에 이름을 붙이고 그 움직임을 모니터링한다. 길이가 10노티컬 마일(약 18킬로미터)이상이 되는 빙산이 남극 대륙의 빙붕에서 떨어져 나오면, 그때부터 고유의 이름을 갖게 된다. 이름 앞에는 4개의 식별코드(A, B, C, D)를 붙이는데, 서경 0~90도 사이에 만들어지면 A, 서경 90~180도 사이에 만들어지면 B, 동경 90~180도 사이에 만들어지면 C, 동경 0~90도 사이에 만들어지면 D라고 구분한다.

것이 아니듯, 눈에 잘 드러나지 않는 물과 얼음 아래 공간에서도 기후변화를 일으키는 중요한 프로세스가 진행되고 있다.

북극의 경우, 해빙 분포가 가장 급격하게 변하는 곳이 바로 북태평양과 연결돼 있는 척치 해와 보퍼트 해다. 우선 그림 3-3을 살펴보자. 미국 워싱턴 대학의 마이크 스틸 교수 연구팀은 위성 관측자료를 이용하여 1982년부터 2007년까지 25년 간 북극해의 표층 수온 변화를 모니터링하였다. 북극해에서는 북태평양과 연결된 해역에 위치한 척치 해와 동시베리아 해, 랍테브 해가 수온이 가장 많이 올랐다. 특히 2007년의 경우, 척치 해 부근에서 표층수온이 섭씨 3도 이상 상승하였고, 그 결과 9월 초에 나타나는 북극의 해빙 최소면적경계선(그림 3-3에서 파란색의 굵은 실선)이 북극점 근처까지 후퇴하였다.

이렇게 표층 수온이 올라가면 가을철 북극 해빙이 얼기 시작하

우리가 자주 쓰는 표현에 "전체에서 아주 적은 부분"을 이르는 말로 "빙산의 일각**tip of iceberg**"이라는 말이 있다. 사람들이 흔히 쓰는 표현인데, 과연 실제 빙산에서 빙산의 일각은 얼마나 되는 걸까? 의외로 답은 간단하다. 투명한 유리컵에 물을 채우고 얼음을 넣어보면, 얼음이 둥둥 뜨는 것을 관찰할 수 있다. 이것은 얼음과 물의 밀도차로 설명할 수 있다. 물의 밀도는 1세제곱미터에 약 1025킬로그램이고, 얼음의 밀도는 1세제곱미터에 약 920킬로그램이다. 같은 부피일 때 얼음의 질량이 물보다 약간 가볍기 때문에 얼음의 일부가 수면 위로 올라오게 되는 것이다. 빙산에서 수면 위에 있는 부분은 전체의 10~15퍼센트 남짓이다. 따라서 우리가 관용적으로 사용하는 빙산의 일각은 과학적으로는 전체의 10~15퍼센트 정도라고 할 수 있다.

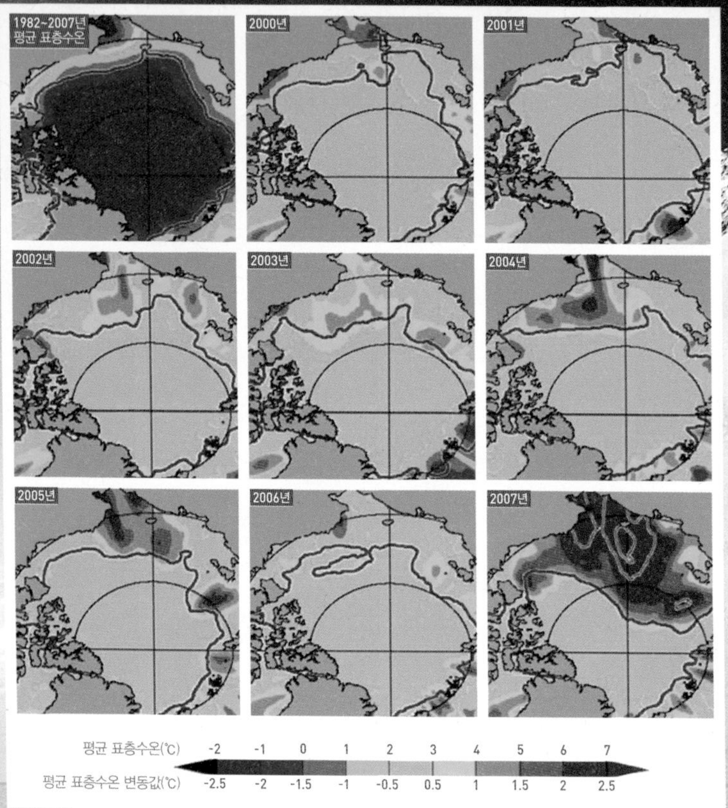

그림 3-3

2000년부터 2007년까지 북극해 표층수온의 변화 추이를 나타냈다. 조각 그림별로 왼쪽 상단에 표시된 숫자는 관측연도다. 그림 아래 색깔 척도를 참고하면, 1982~2007년의 평균 표층수온은 북극해 대부분이 –2℃다. 각 연도별 그래프의 표층수온 변화는, 해당 연도의 표층수온에서 1982년에서 2007년까지(25년간) 표층 수온의 평균값을 뺀 것이다. 붉은색과 갈색 지역은 표층수온이 급격하게 상승한 해역이다. 파란색 실선은 북극(십자선 가운데)을 중심으로 해빙의 최소분포를 나타내는 경계선이다. 그림 위쪽 가운데 부분이 북태평양과 북극해를 연결하는 베링 해협이다. 2007년의 경우, 북태평양에서 유입된 따뜻한 해수의 영향으로 해빙이 급격하게 감소한 것이 뚜렷하게 관측되었고, 과거 25년 평균과 비교하면 표층수온이 3℃이상 상승하였다. • Steele, et al.(2008)의 그림을 수정.

는 시점이 2~8주 정도 늦어진다. 그렇게 되면 겨울에 형성되는 해빙의 양과 두께가 줄어 이듬해 여름 해빙의 분포에 영향을 주게 된다. 북극해 해빙의 양과 분포를 결정하는 데는 '여름에 얼마나 녹느냐'도 중요하지만, 보다 근본적인 원인은 '직전 겨울에 얼마나 많이 만들어졌느냐'에서 찾아야 한다. 실상이 이런데도, 아직 많은 사람들은 '해양과 대기에서 열을 공급받아 봄과 여름에 해빙이 얼마나 녹느냐'에만 관심을 갖고 있다. 해빙이 만들어지는 프로세스에 대한 더욱 폭넓은 이해가 필요한 대목이다. 북극 해빙의 분포와 두께는 겨울철 해빙의 형성 과정과 여름철 해빙의 용융 과정이 결합하여 결정되기 때문에, 두 과정을 함께 고려해야만 한다. '닭이 먼저냐, 계란이 먼저냐'와 같은 질문처럼 북극 해빙의 분포와 두께는 여름과 겨울의 조건이 서로에게 원인이자 결과물인 셈이다.

북극해의 다양한 바닷물을 좀 더 알아보자.

그림 3-4는 북극 척치 해 부근(서경 162-동경 177도에 해당) 상부수층(수심 300미터 이내)의 수온과 염분의 공간적 분포를 나타낸 것이다. 검정색 실선과 그 위에 나타낸 숫자는 염분이고, 배경색은 해당 지점의 수온을 나타낸다. 서경 165도 근처 수심 50미터 인근에서 섭씨 0도 이상의 수괴(붉은색으로 표시된 부분)가 침투하는 것을 볼 수 있다. 비록 낮은 온도이기는 하지만, 해수의 어는점보다 2

그림 3-4

북극 척치 해에서 특징적으로 나타나는 수온과 염분을 나타냈다. 수온은 오른쪽에 있는 색깔 막대를 통해 색깔로 표시했고, 숫자는 등염분선을 나타낸다. 그림의 오른쪽 중간 부분에 붉은 색으로 표시된 부분은 주위에 비해 온도가 높은 바닷물이다. 수심 30~80미터 부근에서 발견되는 이런 고온 고염의 태평양 기원 온난수에 의한 열로 북극 해빙의 융빙 속도가 가속화되고 있다. • 2011년 여름 아라온호 관측 자료.

도 이상 높기 때문에 충분히 해빙을 녹일 수 있다. 바로 이곳에서 발견되는 수괴가 태평양여름수괴Pacific Summer Water, PSW이다. 그림에서 왼쪽으로 갈수록 동시베리아 해에 가까워진다. 서쪽으로 갈수록 침투된 해수의 수온이 점점 낮아지는 것을 알 수 있다. 동경 180도 부근까지 가면 수심 50미터 부근의 수온이 섭씨 약 -1도까지 떨어진다.

태평양여름수괴 외에도 다른 수괴들이 수심을 달리하면서 수직

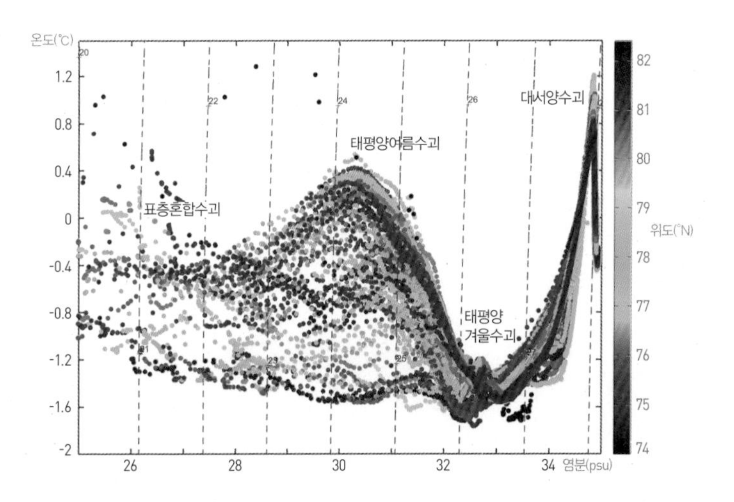

그림 3-5

북극 척치 해와 동시베리아 해에서 관측된 위도별 수온-염분 분포도. 바닷물의 수온과 염분을 파악하면, 어느 해역에서 유입된 바닷물인지 알아낼 수 있다. 점선은 표층기압(1기압)으로 보정한 해수의 밀도(시그마-t)를 나타낸다. 오른쪽으로 갈수록 무거운 물로 바다 깊은 곳에 존재한다. •2012년 여름 아라온호의 북극 탐사 자료.

으로 층을 이뤄 분포하고 있다. 그림 3-5가 북극해에서 관측되는 대표적인 수온-염분 분포도다. 수온-염분 분포도Temperature-Salinity diagram, TS diagram를 보면, 수온과 염분에 따라 수괴를 구분하고 그 물리적 특성을 정의할 수 있다.

그림 위쪽에 있는 태평양여름수괴는 표층에 나타나는 표층혼합수괴Surface Mixed Layer Water, SMLW보다 수온이 높다. 태평양여름수괴는 베링 해협을 통해 여름철에 유입된 따뜻한 해수이고, 표층혼합수괴는 해수면에 가까워 태양열에 융빙된 해빙의 담수가 혼합되어 염분이 낮은 수괴다. 태평양겨울수괴Pacific Winter Water, PWW는

겨울철에 유입된 해수라, 여름수괴에 비해 온도가 낮아 무겁다. 대서양수괴Atlantic Water, AW는 프람 해협을 따라 유입된 가장 무거운 해수다.

앞에서 이미 살펴보았지만 북극 해빙을 녹이는 바닷물의 기원이 어디인지 이 그림에서도 확인할 수 있다. 바다에 떠 있는 해빙을 녹이려면 온도가 해수의 어는점보다 높고, 염분이 낮아 상대적으로 가벼워 표층에 존재해야 할 것이다. 그 역할을 하는 수괴가 바로 태평양여름수괴라는 것을 알 수 있다.

기후변화의 예기치 못한 선물 – 새로운 바닷길, 북극항로

해빙의 급속한 용융으로 과거에는 감히 생각지도 못했던 새로운 길이 북극해에서 만들어지고 있다. 바로 북극항로다. 북극항로는 우리나라가 위치한 동아시아에는 새로운 기회의 항로다(그림 3-6). 과거 수에즈 운하를 이용할 때와 비교해 7400킬로미터 가까이 운항거리를 줄일 수 있기 때문이다.

새로운 북극항로는 아시아와 유럽을 연결하는 새로운 무역항로다. 기후변화가 가져다 준 예상치 못한 선물임에는 틀림 없지만, 그로 인해 얻게 될 경제적 이득보다 기후변화의 막대한 파급효과로 인한 보이지 않는 손실이 더욱 크기에 마냥 좋아할 수도 없는 상황이다.

현재 새로운 항로는 이미 정해졌고, 몇 차례의 시험 항해가 이미 실행되었다. 북극항로의 경우에는 러시아의 배타적 경제수역권을 통과해야 하기에, 러시아의 승인 없이는 자유로운 출입이 힘든 상황이다. 하지만 2010년에 북극항로를 이용한 선박 이동이 10회에 불과했던 것이, 2012년에는 46회로 증가했다. 이런 증가 추이를 볼 때, 북극항로를 이용한 물류 운송의 경제성이 점점 더 좋아져, 앞으로 더욱 많은 운항이 예상되고 있다.

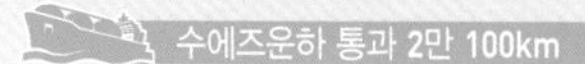

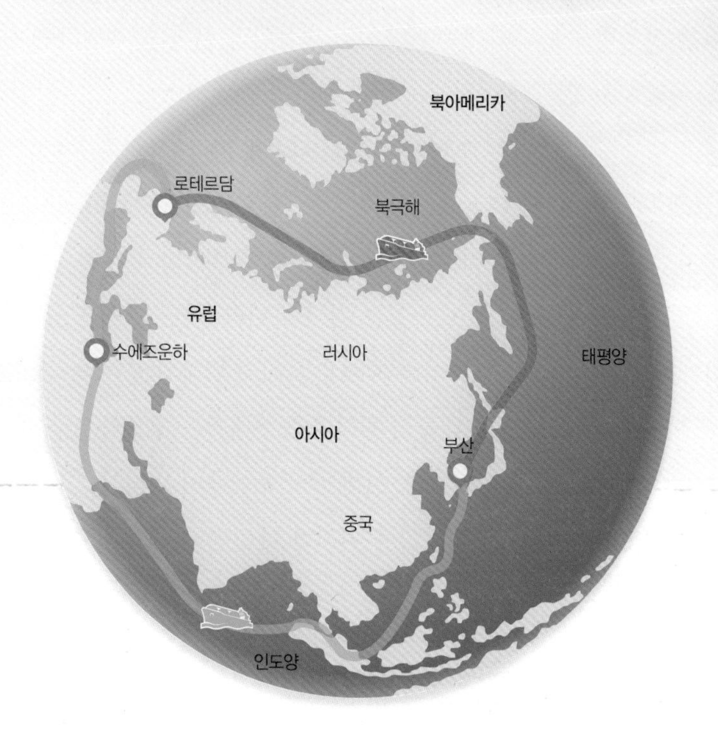

그림 3-6

북극 해빙의 감소로 새롭게 각광을 받고 있는 북극항로. 새로운 항로를 이용하면 기존 항로보다 7400km가량 운항거리를 줄일 수 있다.

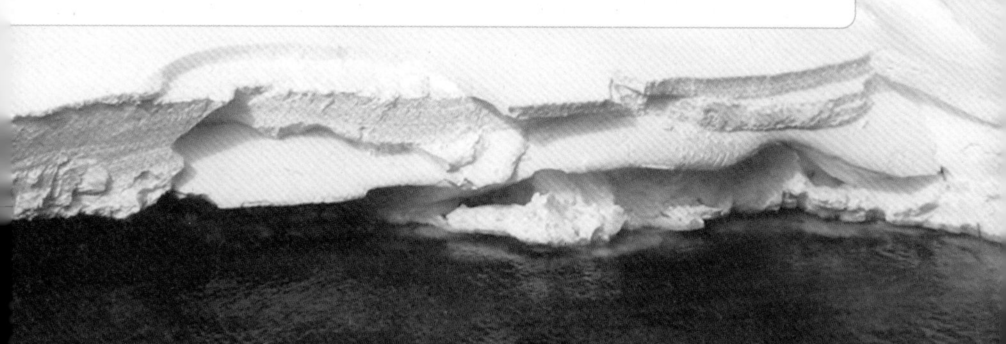

3 급속하게 녹고 있는 남극 아문젠 해와 벨링스하우젠 해

언론을 통해 발표되는 과학기사를 읽다보면, 남극 빙하가 하염없이 무너져 내리는 사진이나 동영상을 쉽게 접할 수 있다. 지구온난화를 상징적으로 드러내는 대표적인 현상이라 할 수 있지만, 과연 남극의 모든 빙하가 이렇게 무너져 내리는 걸까?

남극 대륙 주변의 해빙과 빙하 분포는 지역에 따라 그 변화 추이가 크게 다르다. 최근 미국 항공우주국은 과거 20여 년간의 위성 관측자료를 분석하여 흥미로운 사실을 발표하였다. 남극 대륙 주변의 빙하가 모두 빠르게 녹고 있는 것이 아니라, 어떤 지역은 급속하게 빙하가 녹고 있지만, 다른 지역은 오히려 빙하의 부피가 증가한다는 것이다. 즉, 남극 대륙의 빙하가 녹아내리는 정도가 지역에 따라 크게 다르다는 이야기다. 현재 남극 주변에서 빙하가 가장 빠르게 녹고 있는 지역은 서남극에 위치한 아문젠 해와 벨링스하우젠 해다(그림 3-7 참조).

왜 이 지역만 이렇게 빠르게 녹아내리는 걸까? 해양학자들은 그 원인으로 환남극심층수Circumpolar Deep Water, CDW를 지목한다. 환남극심층수는 남극 대륙 주변 바다의 수온약층 아래 수심 400~600미터 부근에서 발견된다(그림 3-8). 이 심층수는 북대서양에서 시작해 적도를 거쳐 남극까지 내려왔기 때문에, 사람으로 치면 나

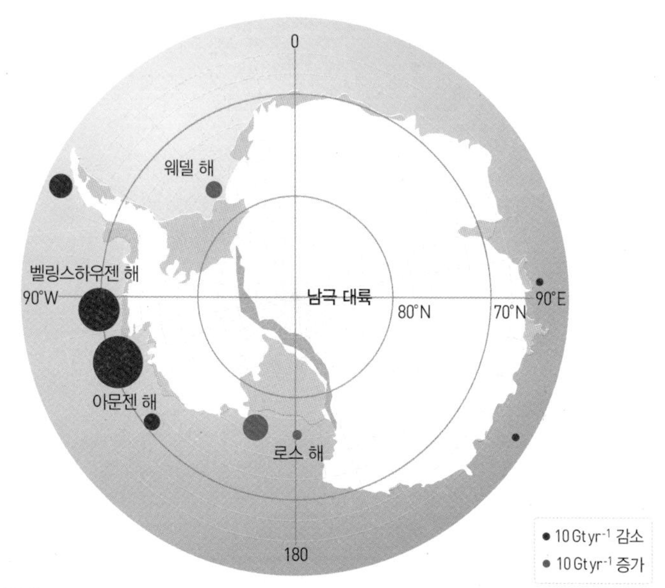

그림 3-7

인공위성에 의해 장기 관측된 남극 대륙 주변 해빙과 빙하 질량의 변화를 나타냈다. 붉은색 원은 빙하의 감소를 의미하며 파란색 원은 빙하의 증가를 나타낸다. 벨링스하우젠 해와 아문젠 해 부근의 붉은색 동그라미가 가장 큰 것을 알 수 있다. 로스 해와 웨델 해 인근은 해빙과 빙하 면적이 오히려 늘고 있다. • Rignot, et al.(2008)의 그림을 수정.

이가 많은 해류다. 따라서 이동하는 동안 용존산소들이 여러 생화학 작용으로 소모되어, 다른 수괴보다 용존산소가 적다. 하지만 정작 우리가 주목해야할 점은 바로 환남극심층수의 온도다. 해수의 어는 점과 비교할 때, 섭씨 약 3~4도 정도 높기 때문에 빙하를 녹이는 열의 근원이 될 수 있는 것이다.[78]

환남극심층수는 남극 대륙 주변의 대륙사면에서 대륙붕 쪽으로

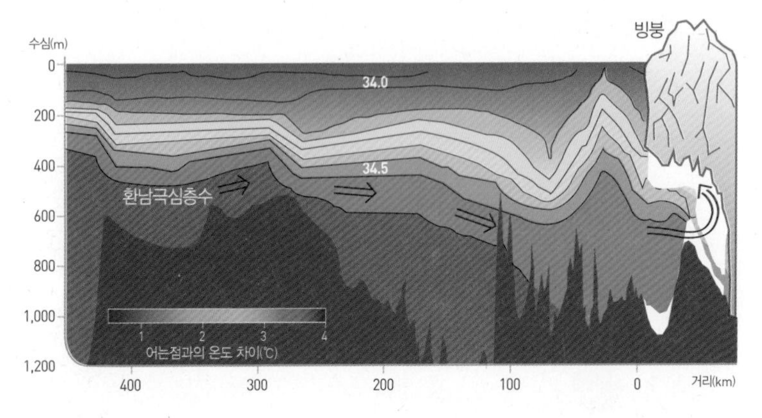

그림 3-8

환남극심층수의 침투로 접지선 부근이 후퇴하고 있는 서남극 해역. 대륙사면에서 빙붕 아래 접지선까지 수심에 따른 해수의 수온과 어는점의 차이가 색깔(붉은 색이 따뜻한 물)로 나타나있다. 검정색 실선은 염분을 의미한다, 수심이 깊어질수록 염분이 커진다. 400미터 이하에 분포하는 환남극심층수는 고온고염의 수괴이며, 빙붕 하부를 녹이는 해양열의 근원이다. 빙붕하부가 녹으면서 빙붕의 두께가 얇아지고, 균열이 발생하여, 전면에 있는 빙벽부터 무너지기 시작한다. 언론을 통해 접하게 되는 빙붕의 붕괴장면은 이런 프로세스로 생겨난다. • Jacobs, et al.(2011)의 그림을 수정.

유입된다. 유입될 때 주로 해저 지형을 따라 이동을 하는데, 대륙붕에 존재하는 해저골짜기를 따라 남극 대륙 쪽으로 흘러 들어온다. 이 바닷물은 남쪽으로 이동하는 동안 수온과 염분이 조금씩 낮아지기는 했지만, 그래도 여전히 얼음을 녹이기에는 충분할 정도의 따뜻한 온도를 유지하고 있다. 그래서 이 바닷물이 빙붕의 하부와 남극 대륙이 만나는 접지선grounding line에 도달하게 되면, 빙붕을 아래에서부터 녹이게 된다. 그 결과 접지선은 점점 남쪽으로 후퇴하고 빙붕의 융빙 과정은 점점 가속화된다. 이렇게 빙붕 밑에서 일어나고 있는 융빙 과정은 2009년 영국남극연구소에서 무인잠수정, 오토서브 3호를 파인 아일랜드 빙하 아래쪽에 투입하여 처음으로 밝혀졌다. 해수 온도의 상승과 남극 빙붕의 붕괴는 긴밀한 상관관계가 있다. 해수 온도가 섭씨 1도 상승할 때마다 빙붕의 바닥 융빙basal melt속도는 일 년에 약 10미터씩 증가한다.[9]

우리나라도 급속 융빙 지역인 아문젠 해의 기후변화 연구를 위해 2010년부터 현재까지 극지연구소를 중심으로 탐사를 진행하고 있다. 현재까지 밝혀진 중요한 사실은 환남극심층수의 유입이 남극의 여름과 가을에 증가하여 해류의 두께가 두꺼워지고, 겨울과 봄에는 유입이 줄어 그 두께가 얇아진다는 사실이다. 그리고 수심 약 400미터를 기준으로 그 하부에서는 환남극심층수가 남극 대륙쪽(남쪽)으로 이동하지만, 그 상부에서는 외해쪽(북쪽)으로 이동하는 두 개의 층으로 구성되었다는 것이 밝혀졌다. 즉, 하부에 유입된 고온고염의 환남극심층수는 빙붕을 녹이는 과정에서 상대적으로 저온저염의 수괴로 변형된다. 그 과정에서 부력이 발생하여, 상부수층으로 상승하고, 하층에서 유입되는 무거운 물에 의해 자연스레 북쪽 방향으로 빠져나가는 순환구조를 보인다. 현재도 연구가 진행 중이라 곧 아문젠 해 전체의 순환 특성을 규명할 수 있으리라 예상된다.

해빙 밑에는 아무것도 없다?

극 지방을 연구하는 과학자에게 가장 큰 방해물이 있다면 아마도 해빙을 가장 먼저 떠올릴 것이다. 넓은 바다를 덮고 있는 두꺼운 해빙은 쇄빙연구선의 진행을 방해할 뿐 아니라 현장 조사 작업을 더디게 하는 주범이기도 하다. 흔히들 해빙 아래에는 햇빛이 닿을 수 없어 어떤 생명체도 살기 어려울 것이라고 생각한다. 하지만 기존 상식과 다른 관측 결과가 우리를 놀라게 했다.

북극해의 경우, 해빙의 표면은 울퉁불퉁하고, 곳곳에 얼음이 녹아 물이 고여있는 용융연못melting pond이 산재해 있다. 용융연못 중에서도 해빙 위아래를 관통하는 열린 용융연못을 통해서는 해빙 아래 바다로 많은 빛이 투과된다. 최근 발견된 새로운 사실은 북극의 해빙 아래에 다양한 생물 활동이 존재한다는 것이다. 2012년 ≪사이언스≫에 발표된 논문에 따르면, 북극해의 여름 해빙 아래에는 얼음이 없는 해역에 비해 식물플랑크톤을 비롯한 입자성 유기물이 많이 분포한다고 한다(그림 3-9 a).

해빙은 겉으로 보기에는 깨끗해 보이지만, 자세히 들여다보면 다양한 물질을 포함하고 있다. 물론 거의 대부분이 얼음이지만, 얼음과 얼음 사이에 바다에 존재하는 각종 유기물과 생명체가 들어있다(그림 3-9 b). 동물플랑크톤과 식물플랑크톤이 겨울철에 함께 얼어 해빙에 포함되기도 한다. 대기 오염으로 발생한 입자성 물질이 바람을 타고 날아다니다 해빙 위에 내려앉는 경우도 있다. 특히 화산폭발로 분출되는 다양한 물질들이 바람을 타고 극 지방으로 이동하는 경우가 있으며, 해빙 위에서 그런 물질들이 관찰되기도 한다. 특히 봄과 여름에 대기 온도가 상승하면서 대륙의 하천을 통해 다량의 퇴적물이 해양으로 공급되는데, 이렇게 해양으로 유입된 퇴적물은 겨울철에 얼면서 해빙 속에 포함되고, 이듬해 여름철 융빙 과정에서 다시 바닷물로 흘러나온다. 따라서 해빙이 녹는 여름철에는 해빙 아래에 표층 부유물질이 증가하는 현상을 뚜렷하게 볼 수 있다.

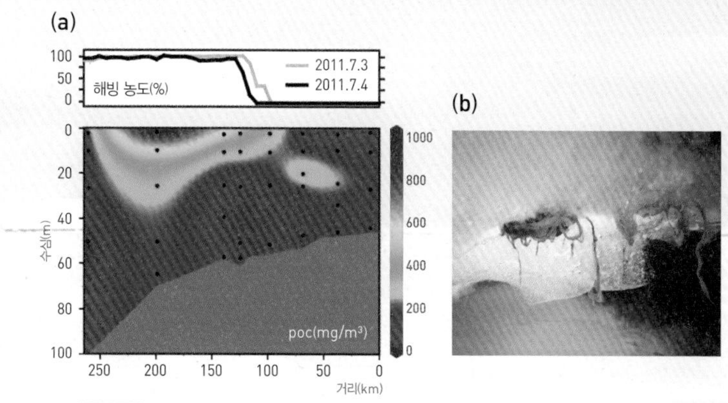

그림 3-9

(a) 2011년 북극 해빙 아래에서 발견된 입자성 유기탄소의 분포. 해빙이 100% 덮여 있는 해역의 수심 20미터까지 입자성 유기탄소particulate organic carbon, POC농도가 높게 나타난다. 이는 해빙 아래에 식물플랑크톤과 같은 유기물질이 많이 존재한다는 것을 의미한다. 하지만 해빙이 없는 다른 해역으로 갈수록 그 농도가 감소한다.
• Arrigo, et al.(2012)의 그림을 수정.
(b) 북극 해빙 아래에서 발견된 해빙조류ice algae.

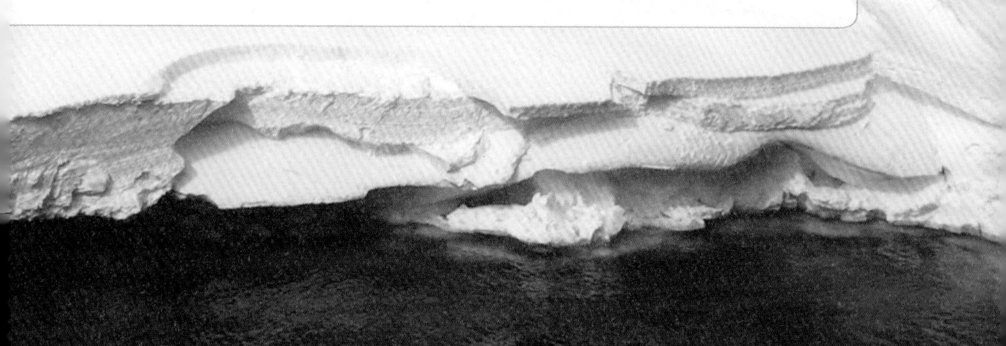

4 극지의 얼음이 녹으면 해안가 도시는 바다에 잠긴다

지구를 덮고 있는 면적의 70퍼센트가 바다다. 그 속의 바닷물은 가만히 있는 것이 아니라 끊임없이 움직이고 일정한 방향으로 이동한다. 이러한 흐름을 해류라 하고, 일정하고 예측가능한 방향성을 갖고 전 지구적인 규모로 순환한다. 순환을 일으키는 원동력은 고위도와 저위도간 해수의 온도차(열)와 염분의 차이다. 따뜻한 저위도의 열이 상대적으로 차가운 고위도로 이동하는 과정에서 해수의 순환이 일어나는 것이다. 이 순환 패턴은 마치 자동화된 공장의 컨베이어 벨트처럼 보인다고 해서, 미국의 해양학자 월레스 브레커는 '컨베이어 벨트 순환'이라고 불렀다(그림 3-11).

바닷물은 온도와 염분의 차이에 의해 흐름이 만들어지고, 이런 해류는 지구 전체를 돈다. 바로 컨베이어 벨트 순환이다.

그림 3-10

월레스 브레커Wallace S. Broecker, 1931~ : 컬럼비아 대학 라몬트-도허티 지구관측연구소 교수. 열과 염분 차이에 의한 해양의 흐름을 컨베이어 벨트에 비유하였고, 이런 해류의 흐름이 기후변화에 미치는 영향이 매우 크다고 주장했다.

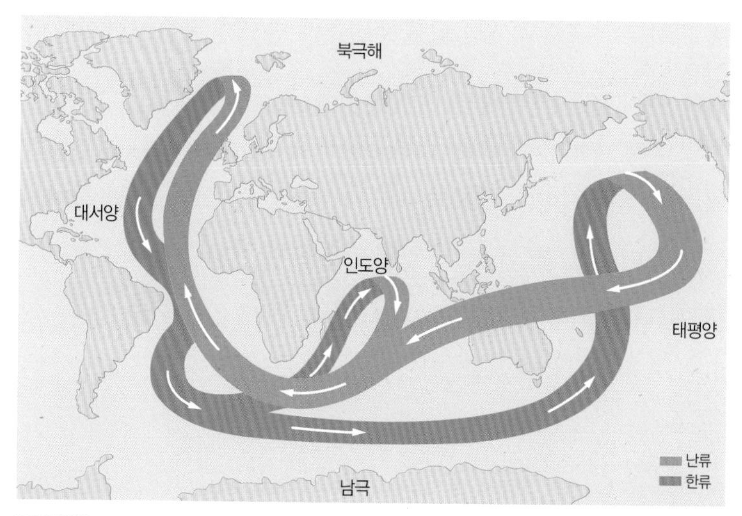

그림 3-11

컨베이어 벨트처럼 생긴 해류의 열염분순환. 붉은색은 따뜻한 해류, 파란색은 차가운 해류다.

바닷물의 움직임은 우리가 살고 있는 지역의 날씨, 기후와 직접적으로 관련이 있다. 저위도의 따뜻한 물은 고위도로 이동하는 동안 열을 빼앗기게 된다. 빼앗기는 양과 정도에 따라 주변의 날씨와 기후가 달라진다. 차가워진 물은 따뜻한 물보다 밀도가 낮기 때문에 수심 깊은 곳으로 가라앉는다. 이렇게 차가운 심층수가 발생하는 대표적인 곳이 북서대서양의 그린란드 주변 해역이다.

최근 주목받고 있는 현상은 북극해 주변에서 일어나고 있는 해빙의 빠른 융빙과 그린란드 주변 빙하의 융빙이다. 녹아내린 해빙과 빙하로 북극해 주변의 염분이 감소해 밀도가 점점 낮아지고 있다. 이렇게 낮아진 밀도의 바닷물이 그린란드 주변 해역으로 유입되면, 표층 부근에 성층화가 강화되어 밀도차에 의한 해수의 흐름이 더뎌져 컨베이어 벨트의 속도가 줄어들 수 있다. 최근 밝혀진 사실에 따르면, 북극해로 유입되는 강물의 양도 증가하고 있다고 한다(그림 3-12). 이렇게 강물의 유입량 증가도 성층화를 가속하는 요인 중 하나로 작용하고 있다.

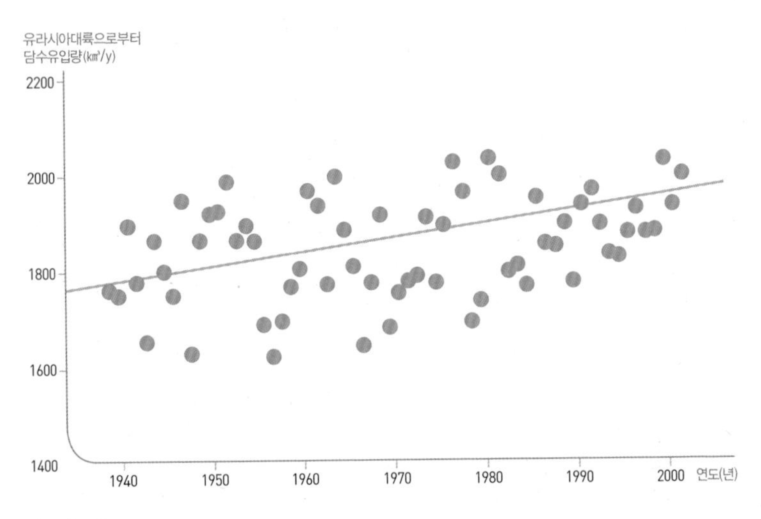

그림 3-12

북극해로 유입되는 강물의 양이 시간이 지나면서 점점 증가하고 있다. 증가된 담수는 북극해 상부수층을 성층화한다. • Peterson, et al.(2002)의 그림을 수정.

2004년 개봉된 영화 〈투모로우The Day After Tomorrow〉는 이런 컨베이어 벨트 순환의 정지로 인한 기후변동을 모티브로 제작되었다. 영화는 대서양 열염분순환의 주축을 맡고 있는 멕시코 만류가 지구온난화로 갑작스레 멈춰버리면서 시작한다. 컨베이어 벨트의 순환이 멈추자 열대 지방에서 생성된 따뜻한 바닷물이 북쪽 해역으로 이동할 수가 없게 된다. 그 결과 북대서양 주변의 온도는 점점 낮아지고, 저위도 지방의 온도는 점점 높아진다. 바다 전체의 열과 염분이 적절히 재분배 되지 못해 예상치 못한 이상기후 현상이 일어난 것이다. 극중 주인공인 고기후학자는 급격한 지구 온난화로 인해 남극과 북극에 있는 빙하가 녹고 바닷물이 차가워지면서 해류의 순환 흐름이 바뀌게 되어 결국 지구 전체가 빙하로 뒤덮이는 거대한 재앙이 올 것이라고 경고한다.

영화는 극단적인 상황을 연출하면서 급격한 기후변화의 문제점을 보여준다. 실제 현실에서 컨베이어 벨트의 순환이 멈출 확률이 얼마나 될지 예상하기는 쉽지 않다. 하지만 확률이 낮기는 하지만 설사 대순환이 멈춘다고 하더라도, 평형 상태를 유지하려는 지구의 자정 작용으로 대순환은 곧 다시 시작될 것이라고 생각된다. 그러나 제목이 암시하듯 당장 내일은 아닐지라도, 가까운 미래에 일어날 이상기후를 준비하지 않으면, 인류 전체가 겪게 될 이상기후 현상은 강도와 빈도면에서 한층 강화될 것이다.

남극 대륙은 지구 전체 얼음의 약 90퍼센트,
담수의 약 70퍼센트를 갖고 있다. 지구상의 얼음이 모두
녹게 된다면 해수면은 60미터 이상 상승할 것으로 예상된다.

자, 그렇다면 북극의 해빙이 녹으면 해수면이 상승할까?

북극의 해빙의 대부분은 바다에 떠 있다. 이들 해빙은 그 부피와 무게가 이미 바다에 반영되어 해수면이 그만큼 상승했기 때문에, 해양과 대기의 온도 상승으로 설령 다 녹는다해도 해수면을 상승시키지 못한다. 즉, 북극해에 떠다니는 해빙이 다 녹아도 해수면의 높이에는 큰 변화가 없다. 다만 온도가 높아지면 열팽창으로 물의 부피가 약간 늘어나므로 그 정도의 변화만큼 해수면 상승에 영향을 줄 수는 있다.

해수면 상승과 관련해서 우리가 진짜 걱정해야 할 곳은 다름아닌 육지에 있는 두꺼운 눈과 얼음이다. 남극 대륙은 평균 약 2100미터나 되는 눈과 얼음으로 덮여있다. 이 양은 지구 전체 얼음의 약 90퍼센트, 담수의 약 70퍼센트에 해당하는 어마어마한 양이다. 그리고 그에 비해 양이 적기는 하지만, 북극의 그린란드도 눈과 얼음으로 덮여 있다. 하지만 지리적으로 그린란드의 위도가 남극 대륙보다 낮기 때문에, 온도가 똑같이 올라간다면, 남극보다 훨씬 빨리 녹아 해수면 상승을 유발할 수 있다.

기온상승으로 지구상의 얼음이 모두 녹게 된다면, 약 60미터 이상 해수면이 상승할 것으로 예상된다. 얼음이 녹으면 물의 양도 많아지지만, 해수의 온도 자체가 올라가 물의 부피도 늘어난다. 그러나 동시에 얼음이 녹게 되면 엄청난 얼음의 무게에 눌려있던 대륙이 지각평형을 맞추기 위해 천천히 융기할 것이다. 마치 손으로 누르면 스폰지가 쑥 들어가지만, 손을 떼면 서서히 솟아 올라 예전 모양을 찾는 것과 마찬가지다. 그래서 이렇게 대륙이 융기하면 상대적으로 해수면은 낮아지는 효과가 발생할 것이다.

5 해빙과 빙산의 상식 밖 움직임

바다 위에 떠 있는 해빙과 빙산을 움직이는 것은 바람과 해류다. 해빙은 언뜻 생각하기에 바람이 부는 방향으로 움직일 것 같지만, 실제 관찰해보면 바람 방향과 약간 어긋나게 움직인다. 바람이 남쪽에서 북쪽으로 똑바로 분다면, 빙하는 북쪽이 아니라 약간 오른쪽으로 틀어져 북동쪽으로 움직이는 것이다. 이런 현상은 노르웨이의 탐험가 프리초프 난센이 19세기말에 프람호를 타고 북극해를 탐사하는 동안 처음으로 관측했다(그림 3-13). 이런 해류의 움직임을 많은 사람들이 궁금해했지만, 실제 관측과 증명은 쉬운 문제가 아니었다.

그러다 1905년 스웨덴의 해양학자인 방 발프리드 에크만이 코리올리의 힘을 이용한 에크만 나선 이론으로 이 현상을 처음으로 증명하였다.

고요한 바다에 바람이 불면 표면의 바닷물은 바람 부는 방향으로 움직인다. 하지만 여기에는 또 하나의 힘이 작용한다. 지구상의 모든 유체가 지구의 자전에 의해 항상 일정 방향으로 받는 힘이 있다. 바로 코리올리*의 힘이다. 움직이는 바닷물도 마찬가지다. 북반구에서는 움직이는 방향의 오른쪽 직각 방향으로, 남반구에서는 왼쪽 직각 방향으로 코리올리의 힘이 작용한다. 그림 3-14를 보자.

그림 3-13

프리초프 난센이 프람호를 타고 북극을 항해하는 그림. 바람의 방향과 프람호의 진행 방향이 다르다. 프람호가 바람이 불어오는 방향에서 오른쪽으로 약간 틀어져 움직이고 있다.

바다 표면에서는 바람에 의해 바닷물이 바람 방향과 같은 방향으로 힘을 받는다. 하지만 바닷물에는 그와 함께 바람 방향의 오른쪽 직각 방향으로 코리올리의 힘이 작용한다. 그래서 실제 바닷물의 움직임은 바람 방향과 코리올리 힘의 방향 가운데쯤이 된다. 이것

* 가스파 코리올리Gaspard-Gustave Coriolis, 1792~1843 : 프랑스의 수학자이자 기계공학자. 회전하는 좌표계에서 운동하는 물체의 경우, 에너지와 일이 어떻게 전달되는지를 이론적으로 밝혔다. 수차나 물레방아가 돌면서 발생하는 일의 방향과 크기, 특성 등을 정리했다. 그는 지구의 자전이 대기나 해양의 흐름에 미치는 영향을 연구하지는 않았지만, 20세기 초반부터 지구의 회전과 관련해 발생하는 힘을 코리올리의 힘이라 부르고 있다. 이 책의 4장에서 크리올리의 힘을 보다 자세히 설명한다. • 코리올리 힘의 발견과 명칭에 관한 이야기는 가브리엘 워커의 ≪공기 위를 걷는 사람들≫(웅진지식하우스, 2008) 4장 참조.

이 바다 표면의 해류 움직임이다.

이제는 바다 속으로 들어가 보자. 바다 속에는 바람의 힘은 전해지지 않고, 표면 해류의 움직임에 의한 견인력drag force(혹은 마찰력)만 작용한다. 표면 바로 아래에 있는 바닷물의 층*은 표면의 해류가 끌고가는 힘과, 그 힘에 오른쪽 직각 방향으로 작용하는 코리올리의 힘이 함께 작용한다. 이 때 표면 해류의 방향은 앞에서 살펴본 것처럼 원래 바람 방향에서 오른쪽으로 약간 방향이 틀어져 있다. 그래서 표면 바로 아래층 해류의 방향은 표면 해류에서 약간 오른쪽으로 방향을 틀고 있다. 이렇게 바다 속으로 '한 층씩' 내려가게 되면, 견인력과 그에 오른쪽 직각방향으로 작용하는 코리올리의 힘에 의해 바닷물의 흐름은 조금씩 오른쪽으로 돌게 된다. 바다 속으로 계속 내려가면 해류의 방향은 점점 오른쪽으로 돌아, 어느 지점에서는 표면의 바람 방향과 정반대가 된다. 그렇지만 이 지점에서는 마찰에 의해 힘이 거의 소진되어 해류의 속도는 아주 약하다. 바로 이렇게 바람의 방향과 정반대의 방향으로 해류가 움직이는 깊이가 에크만 수심이다.

* 바닷물이 표면과 평행한 방향으로 물의 층(에크만 층)을 이뤄 흐른다고 가정한다. 수직 방향으로는 다른 외력이 작용하지 않고 물의 층 사이에만 견인력(혹은 마찰력)이 작용한다. 이런 흐름을 층류laminar flow라고 한다.

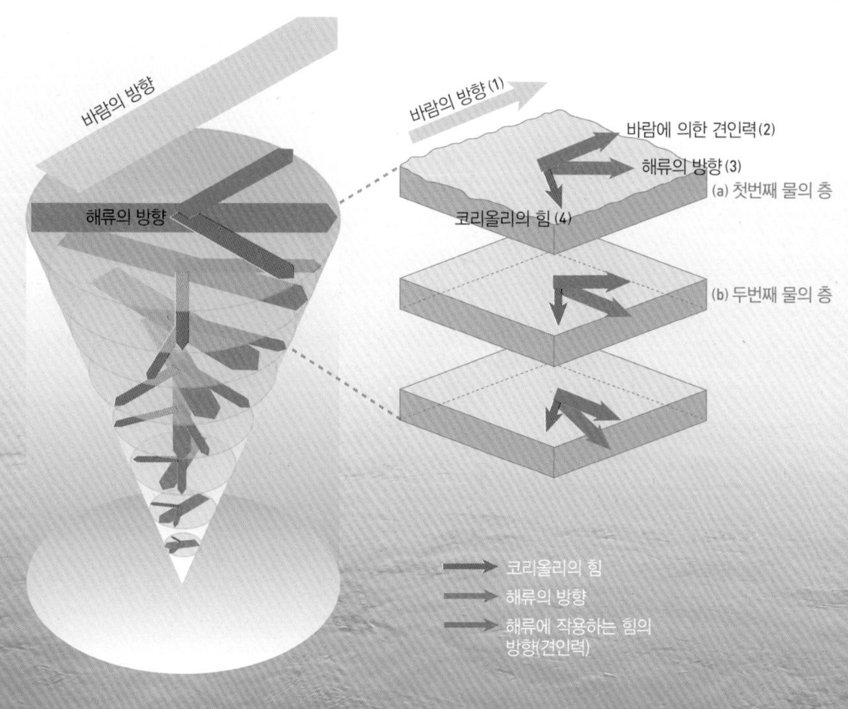

그림 3-14

표면의 바닷물은 바람(1)에 의해 바람 방향(2)으로 힘을 받는다. 이 때 바닷물은 회전하는 지구 위에 있어 바람 방향의 오른쪽 직각 방향으로 코리올리의 힘(4)이 작용한다. 그래서 실제 바닷물은 (2)와 (4)의 벡터합 방향(3)으로 움직인다. 즉, 바람 방향에서 오른쪽으로 약간 틀어져 움직이는 것이다. 고요한 바다라 바람 이외에 다른 외력이 작용하지 않는다면, 표면의 바닷물 바로 '아래 층'에 있는 물은, 표면의 움직임에 의한 견인력을 받는다. 다시 말해 가만히 있는 물의 층(b)을 그 위에 있는 표면의 물(a)이 흐르며 끌고 가는 것이다. 이때도 역시 흐름의 오른쪽 직각 방향으로 코리올리의 힘이 작용한다. 표면의 물은 바람의 방향에서 오른쪽으로 약간 틀어져 있다. 이제 바닷물의 두 번째 층에서도 바닷물이 받는 힘과 코리올리의 힘의 벡터합 방향으로 흐름이 생긴다. 이 때 흐름의 세기는 마찰에 의해 에너지를 잃어 표면의 흐름보다 약해진다. 흐름의 방향은 바닷물이 받는 힘의 방향에서 오른쪽으로 약간 틀어져 있다. 이제 바닷물 두 번째 층의 방향은 표면의 흐름보다 오른쪽으로 더 틀어져 있게 된다. 이렇게 바다 속으로 한 층씩 들어갈수록 바닷물 흐름의 세기는 점점 약해지고, 방향은 점점 오른쪽으로 틀게 된다.

그림 3-15

방 발프리드 에크만Vagn Walfrid Ekman, 1874~1954 : 스웨덴의 해양학자. 빙산이 바람 방향을 따라 움직이지 않고, 바람 방향에서 오른쪽으로 약간 어긋나게 움직이는 현상을 이론적으로 설명했다. 지구의 자전에 의해 모든 바닷물은 그가 제안한 에크만 나선으로 흐름의 방향이 결정된다.

북반구에서 두께가 얇은 해빙은 해류를 따라 약간 오른쪽으로 휘어져 이동한다. 하지만 두꺼운 빙산이라면 보다 깊은 수심에서 흐르는 해류에 의해 얇은 해빙보다 훨씬 더 오른쪽으로 휘어져 이동한다.

자, 그럼 극 지방에서 실제 해빙이 어떻게 움직이는지 한 번 살펴보자. 그림 3-16은 위치 추적이 가능한 GPS가 장착된 해빙 부이를 북극해에 떠있는 해빙 위에 설치하고 그 이동방향과 경로를 추적한 것이다. 총 3개의 해빙 부이를 2011년 8월 7일에 해빙 위에 설치하였다. 한 달 동안 해빙들이 서로 전혀 다른 방향으로 이동한 것을 볼 수 있다. 사실 북극 해빙의 움직임은 예측불허다. 너무나도 많은 변수가 작용하기 때문이다.

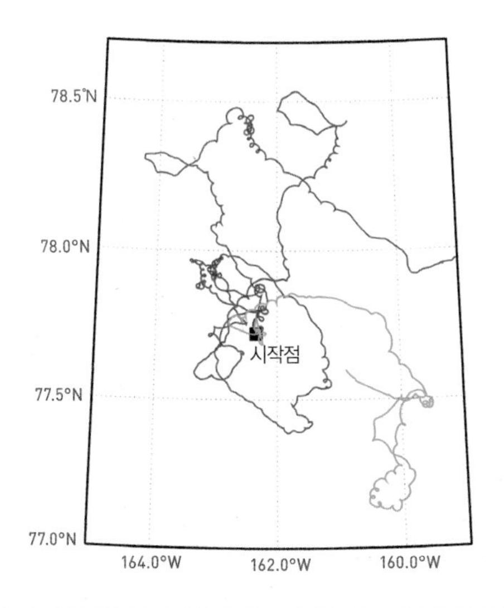

그림 3-16

북극 해빙의 이동경로. GPS를 부착하여 해빙의 이동 경로를 실시간으로 추적했다. 북반구에서는 관성운동과 코리올리의 힘의 영향으로 라면 면발처럼 꼬인 모양으로 해빙이 바람과 해류를 타고 이동한다. 그림의 가운데에 있는 검정색 사각형은 초기 설치장소다. 북반구에서는 시계 방향으로 돌면서 이동하고, 남반구에서는 시계 반대 방향으로 돌면서 이동한다.

해빙의 이동 경로와 방향은 바람의 영향도 받지만, 주변 해류가 어떤 방향과 세기로 움직이느냐에 따라서도 달라진다. 그림을 자세히 살펴보면, 해빙이 직선으로 움직이는 것이 아니라 라면 면발처럼 꼬인 모양의 원운동을 하고 있다. 이런 움직임은 해류의 흐름과 관련이 있다.

해류는 지구의 자전에 의한 원심력과 코리올리의 힘이 균형을 이루며 원운동을 한다. 북반구에서는 코리올리의 힘이 오른쪽으로 작용하기 때문에 시계 방향으로 돌고 남반구에서는 시계 반대 방향으로 돈다. 또한 코리올리의 힘은 극 지역으로 갈수록 더 강해진다(4장 1절 참조). 따라서 극 지역에 가까이 갈수록 해류 방향에 직각 방향으로 작용하는 코리올리의 힘이 강해져 해류는 더욱 빠르게 회전하려고 한다. 극지 바다에 떠있는 해빙도 마찬가지여서, 극지방으로 갈수록 회전 반경이 작아지고, 결과적으로 원운동의 주기도 짧아진다. 이론적으로 이런 원운동의 회전 주기는 코리올리의 힘에 반비례 하기 때문에 위도가 커질수록 원운동의 주기는 작아진다. 극 지방에서는 12시간, 위도 30도에서는 24시간, 그리고 코리올리 힘이 0이 되는 적도에서는 무한대가 된다.

6 남극과 북극의 해빙 면적이 오히려 늘어난다는데?

언론에서 자주 볼 수 있는 빙하의 붕괴나 해빙이 녹아 내리는 장면들로 인해 많은 사람들이 극 지방의 눈과 얼음이 항상 녹아 없어진다고 생각한다. 하지만 사실 꼭 그렇지만은 않다. 지역적 편차가 있어, 어떤 지역은 급속하게 녹고 있고, 다른 지역은 반대로 빙하나 해빙이 증가하고 있다(그림 3-17 참조). 인공위성을 통해 관측된 과거 수십 년간의 자료를 살펴보면, 남극의 9월 해빙 면적은 서서히 증가하는 양상이다. 10년에 걸쳐 약 0.9퍼센트 증가하는 경향을

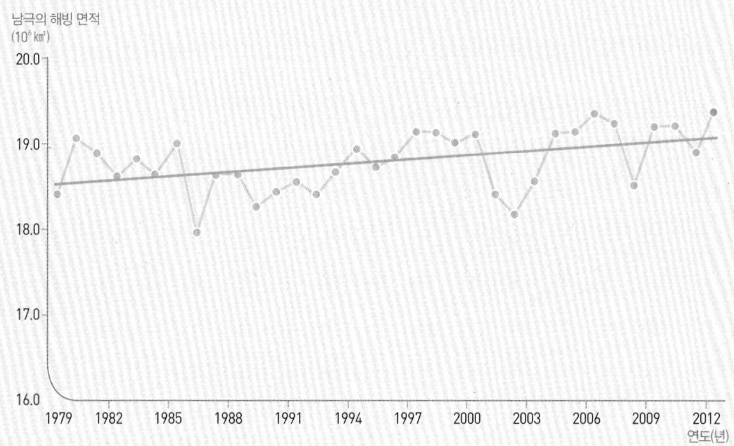

(b)

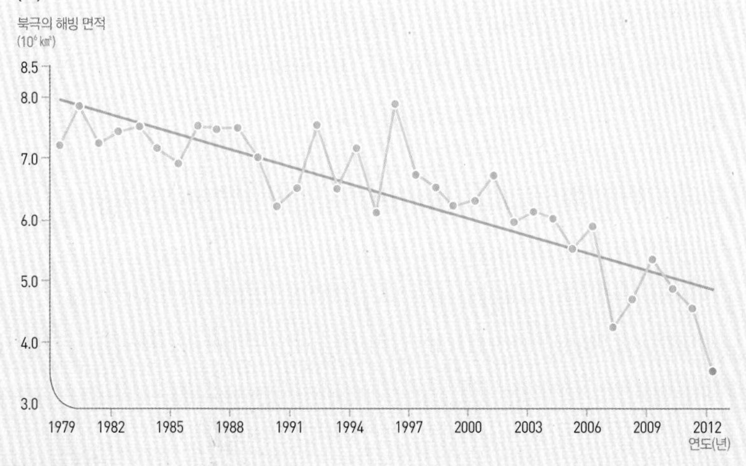

그림 3-17

지난 30년간(1979~2012) 남극과 북극의 해빙 면적 변화를 인공위성에서 관측한 것이다. (a) 남극의 해빙 면적은 서서히 증가하고 있다. 지난 30여 년간 약 3%정도 늘어났다(추세선 기준). (b)북극의 해빙 면적은 급격하게 감소하고 있다. 지난 30여 년간 약 37%정도 줄어들었다(추세선 기준). • 미국 국립설빙자료센터의 자료를 바탕으로 다시 그림.

보이고 있다. 한편 북극은 9월에 해빙 면적이 최소값을 보이면서 10년에 걸쳐 약 13퍼센트 감소하는 경향을 기록 중이다. 특히 2012년 9월에는 관측 이래 최저 면적을 기록하기도 했다. 이런 기록적인 해빙 면적 감소는 향후 계속 진행될 것으로 많은 과학자들이 예측하고 있다.

해빙 관측 자료가 분명하기 때문에, 북극해에 존재하는 해빙의 두께와 면적이 줄어들고 있다는 데 이의를 제기하는 사람은 없다. 특히, 여름철 북극해 해빙의 경우, 그 시기가 문제이지 지금 추세로 간다면 가까운 미래에 모두 사라져버릴 것이라는 데에는 대부분의 해빙 전문가들이 동의하고 있다. 그림 3-18을 보자. 그림에서 검은 실선은 1950년에서 2012년까지 인공위성에서 관측한 북극해 해빙 면적의 변화 추이를 나타내고 있다.

북극 해빙을 연구하는 과학자들은 주로 9월의 해빙 면적을 집중적으로 관찰하는데, 계절적 요인으로 9월에 해빙 면적이 가장 작아지기 때문이다. 극지는 여름과 겨울의 기온차가 매우 커서 해빙도 계절에 따라 면적이 크게 달라진다. 기후변화와 상관없이 여름에 녹았다가 겨울에 얼었다를 반복하는 것이다. 따라서 매년 9월에 그 면적이 가장 작고, 추워지는 겨울에는 해빙 면적이 다시 늘어나 이듬해 3월에 가장 넓어진다. 햇빛이 가장 많이 내리쬐는 6월에 에너지를 가장 많이 흡수하지만, 실제 해빙이 녹는 데는 어느 정도 시간이 걸리기 때문에 두세 달 지연이 생긴다.이런 과정을 매년 반복하고 있지만, 장기간에 걸쳐 살펴보면 전체적으로는 매년 해빙 면적이 감소하고 있다.

따라서 2040~2050년경 북극해 해빙 면적이 완전히 사라진다고 언론이나 과학자들이 하는 얘기는 9월(해빙 면적이 최소가 되는 달)에 완전히 사라진다는 말이다. 모든 계절에 해빙이 다 없어지는 것으로 생각해서는 안 된다. 그림 3-17의 해빙 면적도 9월의 해빙 면적을 의미한다. 그림 3-18을 보자. 이 그림에서 해빙 면적은 특히 1980년대 이후 급격히 줄어드는 경향을 보이며, 이 추세를 그대로 미래로 연장하면(노란색 화살표), 2040~50년 경에는 북극해의 해빙 면적이 완전히 사라질 것이라 추정할 수 있다.

현재 추세로 해빙이 녹는다면, 2050년경에는 북극해의 해빙이 완전히 사라질 것이라고 예상된다.

급격히 녹아내리는 북극의 해빙 면적은 세계적으로도 큰 관심을 끌고 있다. 따라서 세계 각국은 자국이 개발한 기후 모델을 이용하여 산업혁명 이후, 특히 1900년부터 현재는 물론 2100년까지 지구온난화에 의해 나타나는 여러 변화들을 시뮬레이션하였고, 2007년에는 IPCC 4차 보고서에, 2013년에는 IPCC 5차 보고서에 그 결과를 발표하였다. 이 보고서에 사용된 기후 모델들은 모두 북극의 해빙 면적이 앞으로 어떻게 변화해 나갈 것인지에 대한 예측도 하고 있다.

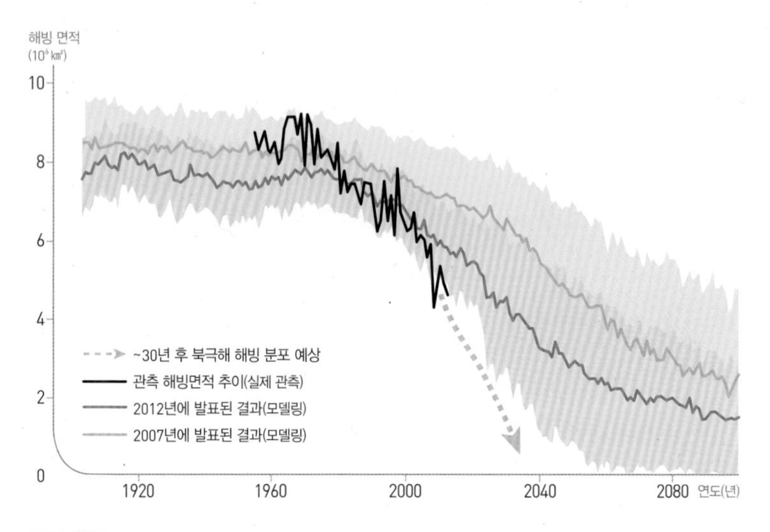

그림 3-18

북극해 해빙 면적의 변화 추이와 미래 전망을 나타내고 있다. 검은 실선은 1979~2012년까지 위성으로 관측한 실제 북극해 해빙 면적의 변화 추이다. 푸른 실선과 푸른색 영역은 IPCC 4차 보고서 작성에 사용된 모델들로 1900년부터 2100년까지 북극해 해빙 면적의 변화 추이를 시뮬레이션한 것이다. 푸른 실선은 모든 참여 모델 (20개 이상)들이 시뮬레이션한 결과들을 평균한 것이며, 푸른색 영역은 개별 모델들의 편차를 나타낸다(푸른색 영역이 실선을 중심으로 좁은 띠 형태로 나타날수록 평균값(푸른 실선)에 대한 신뢰도가 높다고 할 수 있다. 반대로 넓게 분포한다면, 평균값은 큰 의미가 없다). 붉은 실선과 붉은색 영역은 IPCC 5차 보고서 작성에 참여한 모델들이 시뮬레이션한 1900년부터 2100년까지 북극해 해빙면적 변화 추이다.

미국의 과학자 줄리엔 스트로브는 2007년에 이 모델들의 시뮬레이션 결과를 모아 각 모델의 해빙 면적 변화를 분석하였다(그림 3-18의 푸른 실선과 푸른색 영역)[10]. 모델에서 시뮬레이션한 해빙 면적(푸른 실선)은 실제 관측한 해빙 면적(검은 실선)보다 훨씬 더 컸고, 지구온난화가 진행되더라도 잘 녹아 없어지지 않는 것으로 시뮬레이션 되었다. 특히 그림에서 푸른 실선은 모든 모델에서 추정한 값들의 평균인데, 각 모델의 시뮬레이션 결과마다 평균값을 중심으로 얼마나 편차가 큰지를 나타내는 푸른색 영역이 너무 커 신뢰도도 매우 떨어진다.

이 결과는 우리가 아직 북극 해빙의 변화를 지배하는 메커니즘을 제대로 모르고 있다는 것을 의미한다. 또한 그와 관련해 실제 북극 관측에 기반한 해빙 모델 개발이 기후변화를 이해하는데 매우 시급하다는 것도 보여 주고 있다. 우리는 앞에서 기후 피드백이 지구온난화를 이해하는데 얼마나 중요한지 살펴 보았다. 해빙은 이런 기후 피드백 중 가장 강력한 프로세스 중 하나인 얼음 반사 피드백의 주요 원천이다. 그래서 기후 모델이 해빙을 제대로 시뮬레이션해내지 못한다면, 우리가 추정하는 미래 전망의 의미도 많이 퇴색된다고 말할 수 있다.

그 후 기후 선진국들은 모델을 업그레이드 하였고, 스트로브는 다시 이 모델들로 2007년과 동일한 분석을 수행하였다(붉은 실선과 붉은색 영역)[11]. 관측한 해빙의 감소 경향과 비교하면 모델에서 시뮬레이션한 감소 경향이 이전 모델들보다 뚜렷이 개선되었음을 확인할 수 있다. 그러나 여전히 모델간 신뢰성은 떨어지고(붉은색 영역이 넓게 퍼져있다), 모델 결과들을 평균한 해빙 변화(붉은 실선)는 여전히 관측에 비해 느리게 줄어들고 있는 것을 볼 수 있다.

복잡하게 보이는 이 그림의 의미를 정리하면, 북극 해빙의 감소를 예측하는 기후 모델들은 여전히 큰 불확실성을 내재하고 있다는 것이다. 따라서 북극해에서 다양한 현장 관측을 통해 해빙을 녹이는 프로세스들에 대해 우리가 보다 정확하게 이해하고, 이에 기반하여 신뢰도 높은 해빙 모델을 개발해 나가는 것이 남극과 북극뿐 아니라 전 지구의 기후변화 핵심 메커니즘인 기후 피드백 이해에 매우 중요하다고 할 수 있다.

이제 남극 해빙 면적 얘기를 해보자. 그림 3-17 (a)를 보면 남극의 해빙 면적은 오히려 서서히 증가하고 있다. 얼핏 생각하면 이해가 되지 않는다. 지구온난화가 빠르게 진행되고 있는데 얼음이 증가하다니, 이상하지 않은가? 실제로 아직 과학자들도 남극의 해빙 증가에 대해 명확한 답을 내놓지 못하고 있다. 수많은 설명들이 있으나, 우선 데이터 자체의 문제도 있다. 남극 해빙의 부피를 정확히 추정해내지 못하고 있기 때문이다. 얼음의 부피를 정확히 알아야 실제 남극 해빙이 줄고 있는지를 알 수 있다. 얼음의 부피는 같거나 오히려 줄어들고 있는데, 해빙이 얇게 퍼져 면적만 늘어나는 것일 수도 있기 때문이다. 그러나 그에 앞서 우리는 과연 기후변화에서 남극의 해빙 면적 변화가 북극에서만큼 중요할까 하는 질문을 먼저 던져 보는게 필요하다.

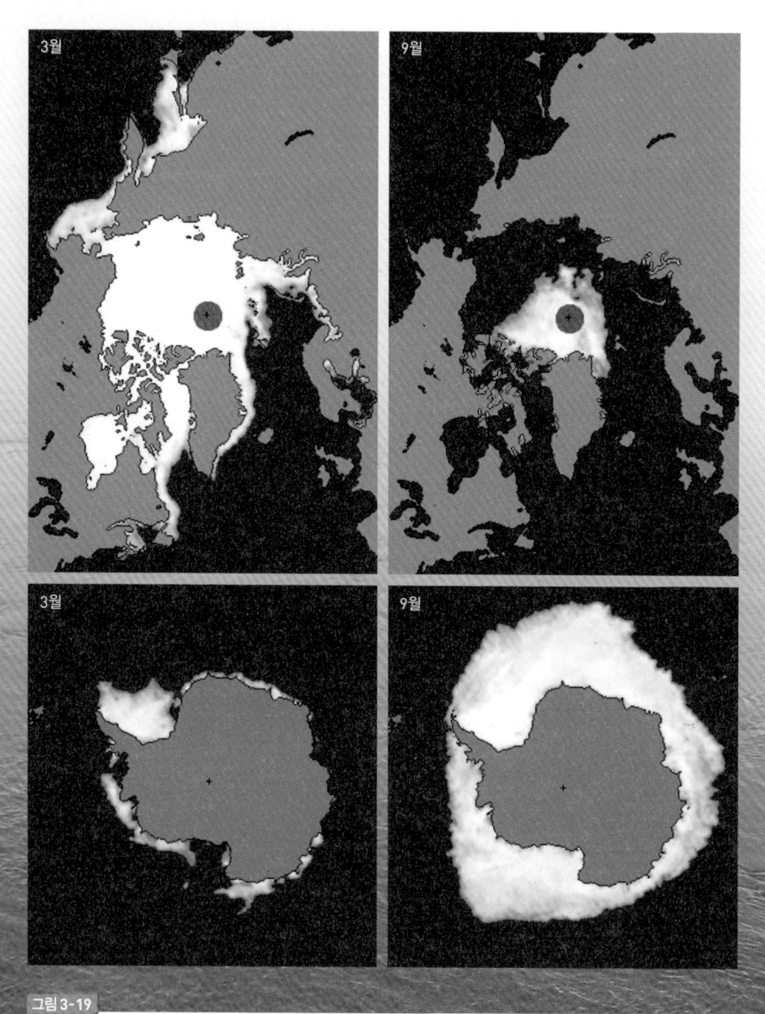

그림 3-19

위쪽에는 3월(왼쪽)과 9월(오른쪽)의 북극 해빙 면적을, 아래쪽에는 3월(왼쪽)과 9월(오른쪽)의 남극 해빙 면적을 나타냈다. • 미국 국립설빙자료센터의 자료를 바탕으로 다시 그림.

그림 3-19를 살펴보자. 이 그림에서 남극과 북극 해빙 면적의 계절 변화(3월과 9월의 차이)를 자세히 살펴보면, 북극과 남극이 많이 다르다. 가장 큰 차이는 남극의 여름(3월)에는 북극과 달리 해빙이 거의 존재하지 않는다. 이것은 우리가 기후변화 관점에서 남극과 북극의 해빙을 다룰 때 매우 중요하다. 앞에서 기후변화 메커니즘의 가장 중요한 피드백 중 하나로 얼음 반사 피드백을 설명했다. 이 얼음 반사 피드백은 기본적으로 햇빛이 있는 여름철에만 작동하는 메커니즘이다. 그래서 해빙의 존재 여부는 여름철에 매우 중요하다.

그런데 남극의 경우, 북극과 달리 해빙의 두께가 매우 얇아 여름에는 해빙이 거의 없다. 바꿔 말하면, 남극의 여름철 바다는 원래 해빙이 많지 않아 해빙이 녹아 그 면적이 줄더라도, 추가로 에너지를 흡수하는 상황이 아니라는 것이다. 다시 북극을 보자. 북극 해빙은 많이 녹았다고는 하지만 아직도 여름철에 상당한 면적을 하얀색으로 덮어 햇빛을 반사하고 있다. 그런데 앞에서 살펴본 것처럼 이 넓은 면적의 해빙이 다 사라져 버린다고 가정하면, 어마어마한 양의 에너지가 검푸른 바다로 흡수되고 이 에너지는 해양 심층 순환을 타고 전 지구를 덥히는데 사용될 것이다. 이런 이유로 북극의 해빙 면적에 대한 관측이 남극보다 훨씬 중요해지는 것이다.

사실 남극에서 주의깊게 봐야 할 것은 바다 얼음이 아니라 광활

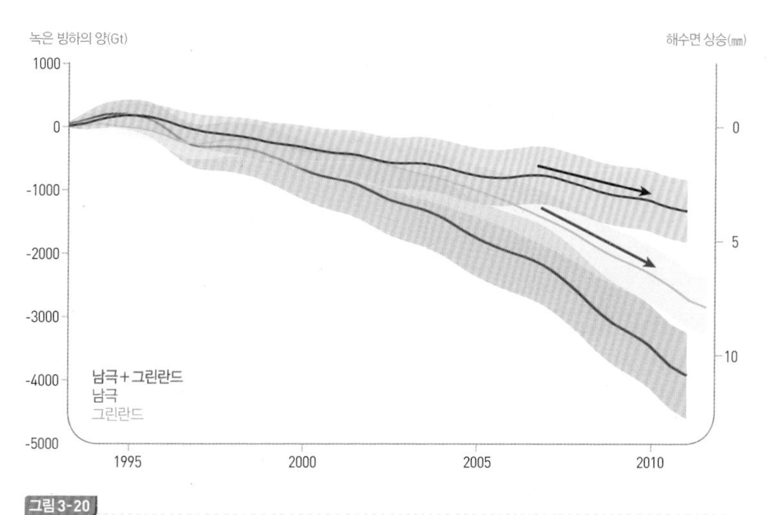

그림 3-20

남극과 그린란드의 빙하는 1992년을 기준으로 2011년까지 약 20년간 4000기가톤 가까이 감소했다. 이로 인한 해수면 상승은 1.1cm에 달한다. 남극에 비해 그린란드의 대륙빙하가 녹는 속도가 더 가파른 것을 알 수 있다. • Shepherd, et al.(2012)의 그림을 수정.

한 대륙에서 급격히 녹아내리고 있는 대륙빙하의 감소다. 앞에서 바다 얼음이 녹아내려도 해수면 상승에는 큰 영향이 없다는 것을 살펴본 바 있다. 문제는 육지에 있는 얼음이 감소하는 것이다. 그림 3-20을 보면, 남극 대륙과 북극 그린란드의 대륙빙하가 급격히 녹아내려 해수면을 상승시키고 있는 것을 알 수 있다.

또한 이렇게 대륙빙하가 급격하게 녹아내리면, 남극의 해빙이 증가할 수 있다. 담수의 유입으로 바닷물의 염분이 낮아지면 어는 점이 상대적으로 높아져 해빙이 보다 쉽게 생기기 때문이다.

4장

극소용돌이가 이상기후를 부른다

최근 몇 년 사이 매서운 한파나 예상을 뛰어넘는 폭설이 몰아치면, 북극의 차가운 공기 때문이라는 말을 곧잘 듣곤 합니다. 북극이 무척 추운 건 알고 있지만, 수천 킬로미터나 떨어져 있는데, 정말 우리나라에 영향을 미치는 걸까요? 진짜 북극의 찬 공기가 우리나라까지 밀려 내려오는 걸까요?

어, 바람이 약해졌네.
북극진동이 마이너스로 내려가고 있어.

이제 여기는 따뜻한 바람이 불겠네.
어휴, 어떻게 해.
저 아래 한국은 이제 엄청 추워지겠는걸.

북극 바람이 약해지면,
저 먼 곳까지 찬 공기가 가다니, 참 신기하지?

그만 내려와. 오존구멍 난 곳을 지나다가
자외선에 화상 입으면 어쩌려고 그래.

괜찮아. 오존구멍은 남극에 있는 거야.
북극에는 없다고.

정말 그럴까?

1 회전하는 지구 그리고 지균풍

지구의 대기는 다양한 형태와 크기의 소용돌이로 가득 차 있다. 작게는 욕조 속 마개로 빨려 들어가는 물 소용돌이나 동네 운동장에서 때때로 마주치는 먼지 회오리도 있지만, 크게는 우리에게 심각한 피해를 주는 토네이도나 태풍 등 거대한 규모의 소용돌이도 있다. 일기예보에서 우리가 자주 접하는 저기압이나 고기압도 지구유체역학의 관점에서 보면, 반경이 3000~5000킬로미터나 되는 거대 소용돌이로 볼 수 있다. 이들은 우리 일상 생활에서 하루의 날씨를 결정하기도 하고, 강하게 발달하는 경우 폭우나 홍수, 가뭄 등의 심각한 기상 재해를 가져 오기도 한다. 우리는 매일 이렇게 다양한 소용돌이와 더불어 살고 있는 것이다.

그렇다면 이런 소용돌이의 근본 원인은 무엇일까? 간단히 말하면, 바로 지구가 회전(자전)하기 때문이다. 우리가 일상 생활에서는 느끼지 못하지만, 지구상에서 일어나는 크고 작은 소용돌이의 대부분은 지구의 회전과 직·간접적으로 관련돼 있다. 예를 들어, 욕조 속에 물을 담아놓고 한두 시간 가만히 두었다가 배수 마개를 열어 물이 빠져 나가는 것을 관찰해 보면 시계 반대 방향으로 소용돌이가 생기며 빠져나가는 것을 볼 수 있다. 만약 북반구가 아닌 남반구였다면 시계 방향으로 도는 소용돌이가 생겼을 것이다. 이렇게 남반구와 북반구에서 소용돌이의 회전 방향이 달라지는 것은, 미세하지만 북반구의 경우 회전하는 지구에 대해 상대적으로 움직이는 모든 물체는 시계 반대 방향으로 도는 지구 회전을 느끼기 때문이다. 반대로 남반구에서는 시계 방향으로 도는 지구 회전을 느낀다. 여기서 지구에 상대적으로 움직인다는 것은 어떤 물체가 지구의 회전 방향이나 속도와 다르게 움직이는 것을 말한다.

이런 지구의 회전은 공기나 바닷물과 같은 유체의 흐름에 매우 중요한 역할을 한다. 지구의 반경에 비해 규모가 작은 운동일 경우에는 지구의 회전을 무시해도 좋을 정도로 그 영향이 미미하다. 하지만 규모가 큰 흐름일수록 지구의 회전은 상당히 중요한 역할을 한다. 지구의 반경은 약 6400킬로미터다. 지구가 하루에 한 바퀴를 돌고 있으니, 우리는 항상 시속 약 1500킬로미터의 어마어마한 속도로 움직이고 있는 셈이다. 하지만 일상 생활에서 지구가 이렇게 빠르게 돌고 있다는 걸 느끼면서 살고 있는 사람은 아무도 없다. 즉, 지구 규모에 비해 짧은 거리를 이동하는 물체는 지구의 회전을 잘 느끼지 못한다는 얘기다. 그러나 실제로는 항상 지구 회전의 영향을 받으며 우리는 살아가고 있다. 특히, 그 영향은 지구 반지름에 버금가는 긴 거리를 이동하는 물체의 경우, 북반구에서는 그 경로가 이동하고자 하는 방향의 오른쪽으로 휘는 현상으로 나타난다. 남반구에서는 그 반대인 왼쪽으로 휘게 된다. 즉, 마치 마술과도 같이 어떤 가상의 힘이 항상 물체를 오른쪽(왼쪽)으로 밀어내는 것과 같은 현상이 나타난다. 우리는 이 가상의 힘을 코리올리의 힘이라고 부른다. 이제부터 이런 현상이 왜 나타나는지 알아보자.

우선 물체가 특정 위도에서 동서 방향으로 움직이는 경우를 생각해보자(그림 4-1(a)). 지구상의 모든 물체는 지구와 같은 속도로 회전하고 있다. 그런데 이 물체가 동서 방향으로 움직인다면, 아주 조금이지만, 이 물체는 지구보다 빠른 속도로 움직이는 것이 된다. 따라서 물체는 지구에 대해 상대속도 차이가 나게 되고, 이로 인해 지구 밖으로 튀어 나가려는 원심력을 받게 된다(그림 4-1(a) 오른쪽). 원심력은 그림과 같이 지구의 회전축에 수직 방향으로 작용한다. 이 힘은 다시 지표면에 수직인 성분과 수평한 성분으로 분해되고, 수평 성분의 힘에 의해 북반구에서는 오른쪽으로, 남반구에서는 왼쪽으로 휘게 된다. 물론 지표면에 수직인 성분에 의해 약간 떠오르는 효과가 있지만 그 크기는 무시할 수 있을 정도로 아주 작다.

(a)

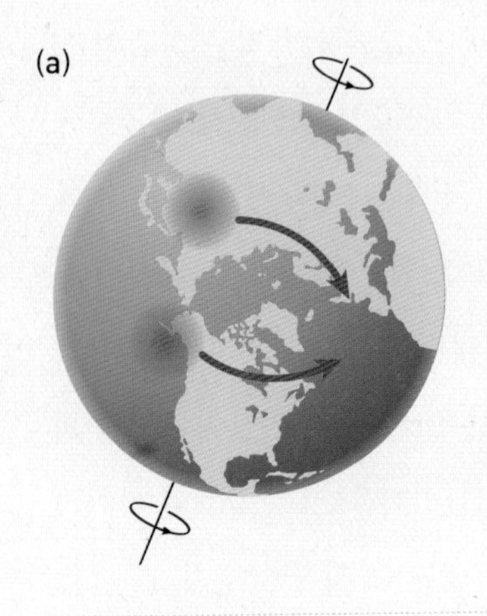

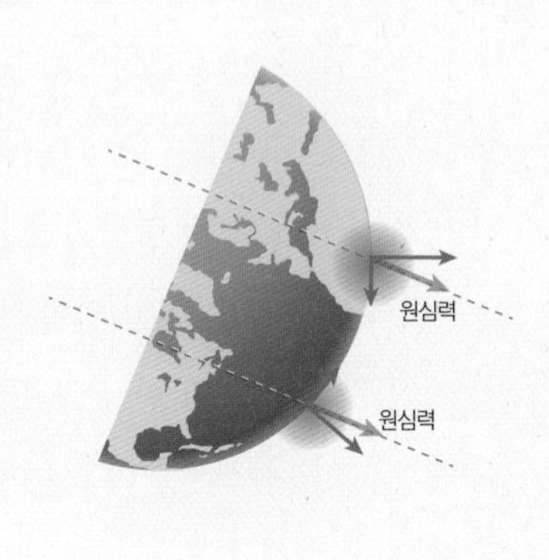

(b)

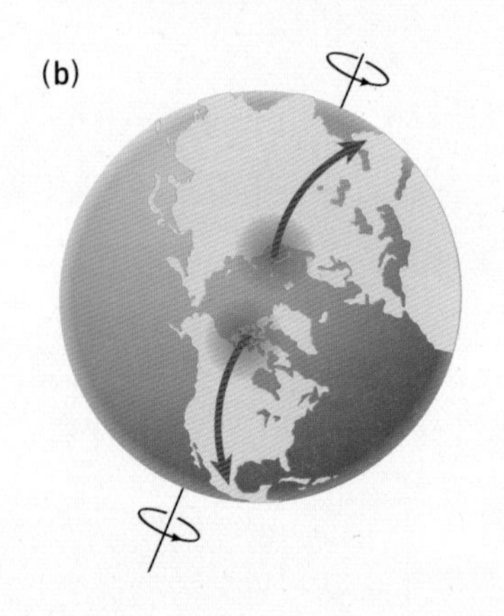

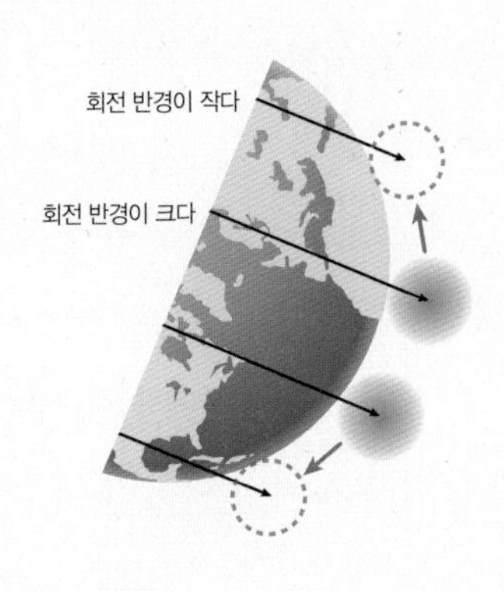

그림 4-1

코리올리의 힘을 설명하는 그림이다. (a) 왼쪽 | 북반구(남반구)에서 위도선과 평행하게 이동하는 물체의 경우, 운동 방향의 오른쪽(왼쪽) 직각 방향으로 휘게 된다. 오른쪽 | 이 경우 회전하는 물체는 회전축에 수직 방향으로 원심력을 받는다. (b) 왼쪽 | 북반구(남반구)에서 경도선에 평행하게 이동하는 경우에도 역시 운동 방향의 오른쪽(왼쪽) 방향으로 휘게 된다. 물체가 고위도 지역으로 이동하면서 회전 반경이 작아져 회전 속도가 빨라진다.

이번에는 물체가 남북 방향으로 이동하는 경우를 생각해보자(그림 4-1(b)). 이 때 주의해야 할 것은 물체가 남북 방향으로 이동하게 되면 물체와 지구 회전축과의 거리(물체의 회전 반경)가 달라진다는 점이다. 하지만 회전 반경이 달라지더라도 운동 중에 이 물체의 각운동량은 보존되어야 한다(용어설명 참조). 각운동량은 회전 반경이 커질수록, 회전 속도가 클수록 커지는 양으로, 회전 반경과 회전 속도의 곱으로 나타낼 수 있다. 외부에서 회전에 영향을 주는 힘, 즉 토크가 가해지지 않는 한, 각운동량은 보존되어야 한다. 따라서 회전 반경이 큰 적도 부근에서 회전 반경이 작은 극 지역으로 물체가 이동하게 되면 물체의 회전 반경이 줄어들면서 각운동량을 보존하기 위해 회전 속도가 빨라진다.

양팔을 쭉 편 채 회전하고 있는 피겨스케이팅 선수를 생각해 보자. 아마도 텔레비전에서 피겨스케이팅 선수가 제자리에서 돌면서, 마지막으로 갈수록 속도를 높이기 위해 바깥으로 쭉 폈던 팔을 안으로 접거나, 두 팔을 모아 머리 위로 쳐드는 모습을 본 적이 있을 것이다. 바로 조금 전 설명과 같은 원리다. 피겨스케이팅 선수가 팔을 접으면 회전 반경이 작아지고, 각운동량 보존 법칙에 의해 회전속도는 훨씬 빨라지게 되는 것이다(그림 4-2).

이 원리를 그림 4-1(b)에 적용해 보면, 적도 지역에서 극 지역으로 이동하는 물체의 경우 지구 회전축과의 거리, 즉 회전 반경이

그림 4-2

각운동량이 보존되는 상황에서 피겨스케이팅 선수의 회전 속도 차이. 팔을 폈을 때 보다 팔을 접었을 때의 회전 속도가 빠르다. 팔을 접으면 회전 반경이 작아지고, 각운동량을 보존하기 위해 회전 속도는 빨라진다.

작아지고 각운동량 보존 법칙에 따라 회전 속도는 빨라져야 한다. 그래서 지구보다 빨리 회전해야 하니, 똑바로 올라가지 않고 속도가 빨라져 오른쪽으로 먼저 가게 되는 것이다. 결과적으로 북반구에서는 오른쪽, 남반구에서는 왼쪽으로 휘게 된다.

이제까지 이야기를 한 번 정리해보자. 북반구에서 직선 운동을 하는 물체는 항상 그 운동 방향의 오른쪽 직각 방향으로 휘게 되며 남반구에서는 왼쪽 직각 방향으로 휘어진다. 이는 지구가 회전하기 때문에 생긴다. 이 현상을 마치 가상의 힘을 받는 것처럼 기술하면 쉽게 설명할 수 있다. 이 가상의 힘을 운동 방향을 바꾸는 힘이라는 의미로 전향력轉向力 혹은 코리올리의 힘이라고 부른다.

코리올리의 힘의 특징은 아래와 같다.

❶ **방향 |** 북반구(남반구)에서 유체 흐름의 오른쪽(왼쪽) 수직 방

향으로 작용

❷ **크기 |** 극 지역으로 갈수록 강해진다.

❸ **크기 |** 움직이는 속도가 빠를수록 강해진다.

이렇게 지구가 회전하기 때문에 생겨나는 독특한 움직임을 다루는 역학을, 일반적인 유체역학과 구분하여 지구유체역학**geophysical fluid dynamics**이라고 한다. 즉, 지구유체역학은 지구의 회전을 느낄 정도로 큰 규모의 흐름에 적용되며, 이로 인해 매우 흥미로운 현상들이 생기게 된다. 예를 들어, 바람은 항상 고기압에서 저기압으로 분다는 상식에 어긋나는 흐름이 생겨나게 된다. 그림 4-3을 보자.

우선 그림 4-3 (a)의 경우는 상식적이다. 바람이 고기압에서 저기압으로 불고 있다. 물이 높은 곳에서 낮은 곳으로 흐르는 것과 마찬가지다. 그렇다면 공기도 기압이 높은 곳에서 낮은 곳으로 흐르지 않을까? 하지만 지구 규모의 큰 흐름에서는 이런 상식이 통하지 않는다. 지구상에서 실제로 부는 바람은 그림 4-3 (b)와 같다. 왜 그럴까? 이 질문에 대한 근본적인 답은 지구의 회전에서 찾을 수 있고, 앞에서 언급한 코리올리의 힘이 바로 그 원인이다. 그림 4-3 (b)의 경우, 바람은 등압선과 평행하게, 저기압을 왼쪽에 두고 불어나가고 있다. 이런 바람을 지균풍**Geostrophic wind**이라 한다.

바람은 저기압을 왼쪽에 두고 등압선을 가로지르지 않고 나란히

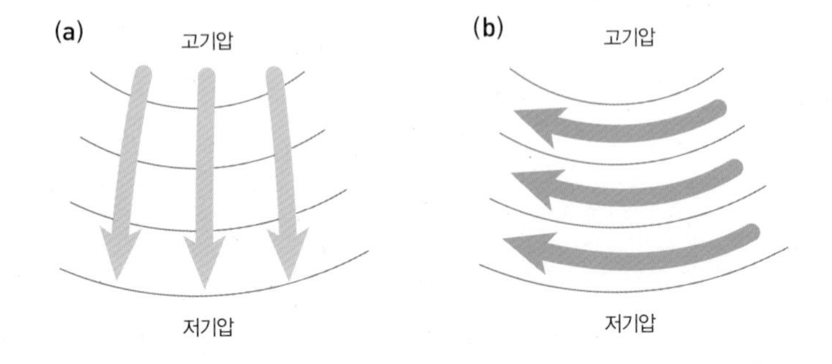

그림 4-3

(a) 규모가 작은 고기압과 저기압이 유도하는 바람 (b) 지구 규모의 고기압과 저기압이 유도하는 바람. 유체 흐름의 규모가 커져 코리올리의 힘이 중요하게 작용하면 바람의 방향이 상식과 다르게 움직인다.

분다. 지균풍은 북반구에서는 언제나 저기압을 왼쪽에 두고 불고, 남반구에서는 저기압을 오른쪽에 두고 분다. 그럼 지균풍은 왜 이렇게 상식과 다르게 엉뚱한 방향으로 부는 걸까?

지균풍이 등압선과 나란히 부는 이유는 힘의 균형 관점에서 생각하면 이해할 수 있다. 먼저 바람은 기압차에 의해 불게 된다. 즉, 기압차가 존재하면 유체에는 힘이 작용한다. 유체를 고기압에서 저기압으로 움직이게 만드는 힘, 이 힘이 바로 기압경도력이다. 만약 기압경도력만 존재한다면 당연히 공기 덩어리는 고기압에서 저기압으로 움직일 것이다. 다시 말해 기압경도력이 존재하는데도, 공기가 등압선을 가로지르지 않고 평행하게 움직인다는 것은 역학적으로 이를 상쇄하는 다른 힘이 존재하다는 얘기다. 기압경도력을 상쇄하는 또 다른 힘, 그것이 바로 코리올리의 힘이다.

그림 4-4는 기압경도력과 코리올리의 힘이 시간이 흐르면서 평형을 찾아가는 과정을 나타내고 있다. 그림의 맨 왼쪽을 보자. 남쪽에 저기압이 있고, 북쪽에는 고기압이 있다고 가정한다. 그 사이에 있는 공기 덩어리는 기압경도력에 의해 고기압에서 저기압으로 움직이려는 힘을 받게 되어, 바람은 남쪽에서 북쪽으로 불게 된다. 앞에서도 살펴본 것처럼, 이렇게 지구상에서 유체가 움직이게 되면, 북반구에서는 움직이는 방향의 오른쪽 직각 방향으로 코리올리의 힘이 작용하기 시작한다.*

즉, 처음에는 기압경도력에 의해 바람이 남쪽에서 북쪽으로 불지만, 곧 여기에 오른쪽으로 휘게 하는 코리올리의 힘이 작용해, 결과적으로는 약간 오른쪽(동쪽)으로 휘면서 바람이 불게 된다.

기압경도력은 힘이다. 우리가 잘 아는 뉴튼의 운동 법칙에 의해 힘은 질량과 가속도의 곱으로 나타낼 수 있다. 기압경도력이 일정하다고 하면, 같은 질량의 공기에서 가속도 역시 일정하다. 가속도가 일정하기 때문에, 시간이 지날수록 공기 덩어리의 속도는 커진

* 정지해 있는 물체에는 코리올리의 힘이 작용하지 않는다. 코리올리의 힘은 가속도 운동을 하는 물체에 작용한다.

다. 코리올리의 힘은 앞에서 살펴본 것처럼 속도에 비례하여 커지는 힘이므로(위 '코리올리의 힘의 특성' 참조), 이제 일정한 기압경도력에 의해 공기 덩어리가 가속되어 바람이 세게 불수록 코리올리의 힘 역시 커지게 된다.

바람의 방향은 처음에는 남쪽에서 북쪽으로 불지만, 코리올리의 힘이 작용하여 오른쪽(동쪽)으로 약간 휘고, 다시 그렇게 약간 오른쪽으로 휜 바람에, 기압경도력은 남쪽에서 북쪽으로, 코리올리의 힘은 바람의 오른쪽 직각 방향으로 작용한다. 그래서 또 약간

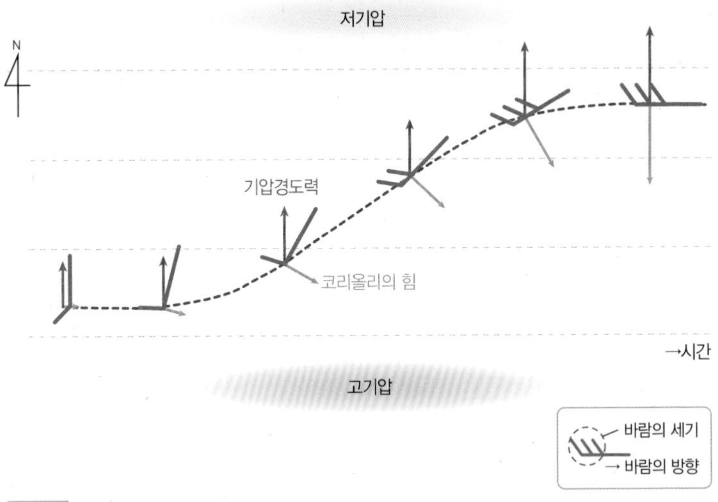

그림 4-4

기압차에 의해 생기는 바람이 시간이 흐르면서 코리올리의 힘에 의해 방향이 휘어진다. 결국 바람은 기압경도력과 코리올리의 힘이 평형을 이루는 방향으로 불게 된다.

오른쪽으로 휘게 된다. 이렇게 시간이 지날수록 방향은 계속 오른쪽으로 휘면서 코리올리의 힘은 바람의 속도에 비례해 점점 강해진다. 결국 그림의 맨 오른쪽처럼, 아래에서 위로 작용하는 기압경도력과 코리올리의 힘이 평형을 이루는 바람의 방향, 즉 기압 배치의 방향과 평행하게, 왼쪽(서쪽)에서 오른쪽(동쪽)으로 바람은 불게 된다. 그래서 북반구에서 바람은 언제나 저기압을 왼쪽에 두고 불게 되는 것이다. 이렇게 등압선에 나란하게 부는 바람이 바로 앞에서 살펴 보았던 지균풍이다.

이제 실제 일기도에서 저기압 주변의 바람장을 한번 살펴보자.

그림 4-5를 자세히 살펴보면, 저기압을 왼쪽에 끼고 바람이 등압선에 평행하게 불고 있음을 알 수 있다. 이렇게 규모가 매우 큰 대기운동의 경우, 바람은 지구 회전의 영향으로 기압차에 평행한 방향으로 분다는 점을 기억하자.

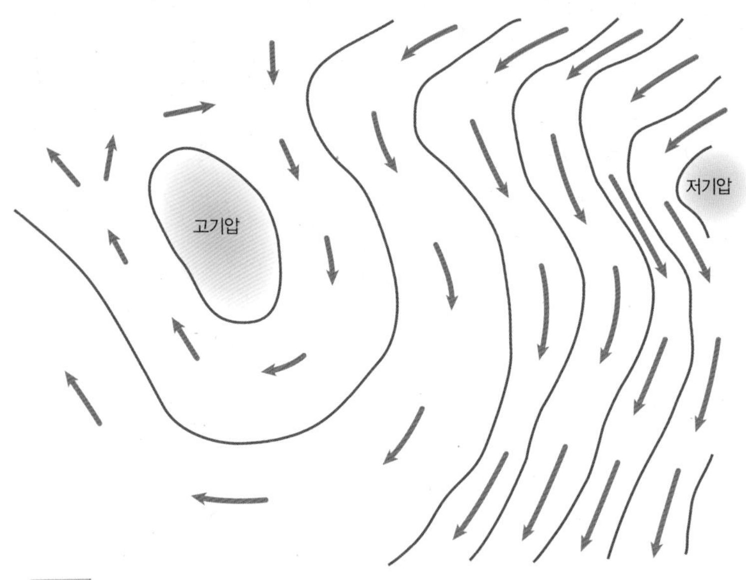

그림 4-5

실제 일기도에 나타난 기압 배치와 바람의 방향이다. 검은색 선은 기압이 같은 곳을 연결한 등압선이고, 화살표가 바람의 방향을 나타낸다. 그림 오른쪽 중간에 있는 저기압을 왼쪽에 두고 바람이 등압선에 나란하게 불고 있다. 이 그림은 상층일기도다. 지상에서는 바람이 지표면과의 마찰에 의해 지균풍 형태를 유지하기 어렵기 때문에 등압선을 가로지르는 흐름이 생겨나기 쉽다.

2 극지를 감싸고 있는 거대한 소용돌이, 극소용돌이

이제 다시 극지 이야기다. 앞에서 길게 전향력과 지균풍을 설명한 이유는 이 개념들이 지구상에 존재하는 가장 큰 소용돌이인 극소용돌이를 이해하는데 중요하기 때문이다. 남극과 북극 상공에는 지구상에서 가장 규모가 큰 소용돌이가 항상 꿈틀대고 있다. 이 소용돌이는 매우 변화무쌍하여 수일에서 수주일의 간격으로 팽창과 수축을 끊임없이 반복한다. 바로 극소용돌이다. 이 소용돌이는 중심에 차갑고 기압이 낮은 공기 덩어리가 있어, 극저기압이라 불리기도 한다. 그림 4-6을 보자.

북극 상공에 떠있는 거대한 저기압 덩어리가 바로 북극소용돌이다. 그림 4-6 (b)의 극소용돌이 단면도처럼 북극 주변 지역은 늘 차갑고 밀도 높은 공기가 떠 있다. 따라서 단단하게 압축된 북극의 대류권은 최상단부인 대류권계면의 높이가 약 8킬로미터 밖에 되지 않는다. 그에 반해 밀도가 낮고 팽창되어 있는 적도 지역에서는 대류권계면의 높이가 약 15킬로미터나 되어 북극에 비해 2배나 두터운 공기 덩어리를 형성하고 있다.

밀도가 크고 상대적으로 차가운 공기는, 밀도가 작은 공기에 비해 위로 올라갈수록 기압이 더 빨리 떨어진다. 그래서 밀도가 큰 차가운 공기로 구성된 북극의 공기는 상층으로 올라갈수록 적도

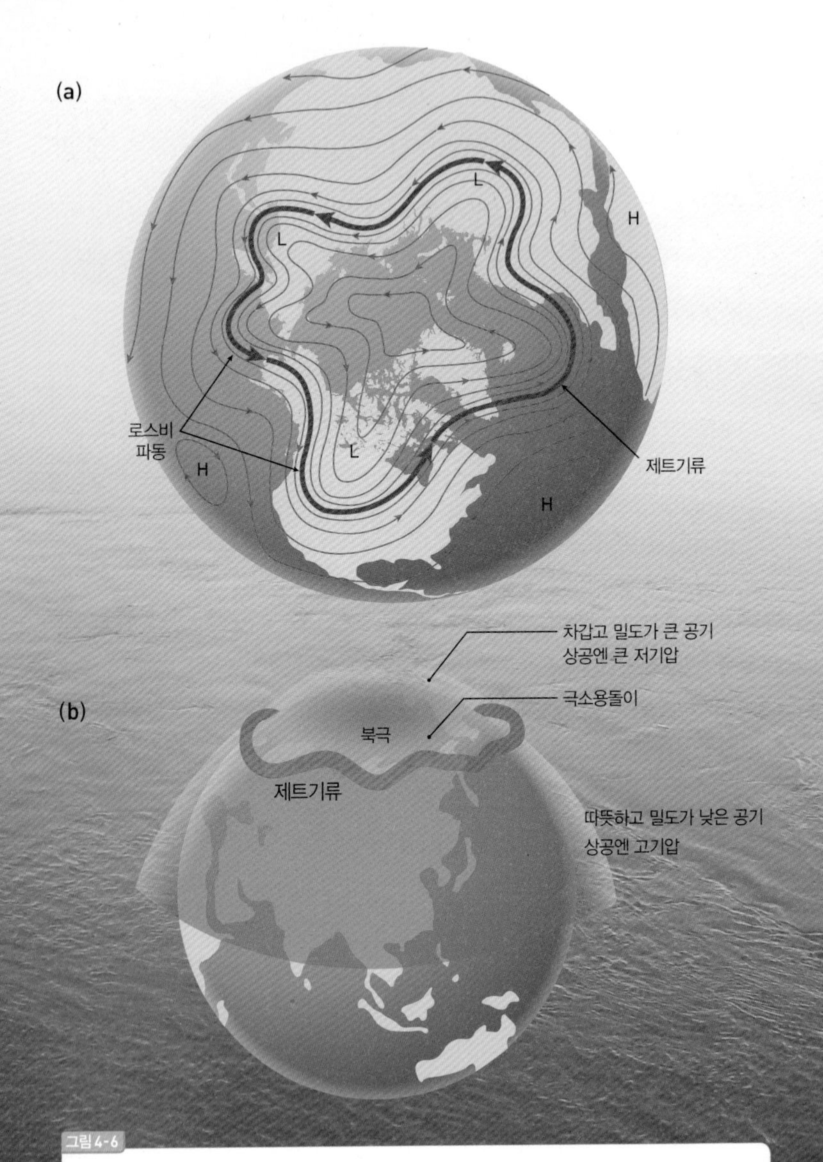

그림 4-6

(a) 기압의 높낮이 패턴으로 살펴본 북극소용돌이의 구조. • Lutgens and Tarbuck(1995)의 그림을 수정.

(b) 북극소용돌이의 단면도. 북극을 중심으로 차갑고 밀도 높은 공기 덩어리가 지상 부근에 있고, 북극의 대기 상층부에는 저기압이 존재한다. 적도와 중위도 지역에는 상당히 높은 고도까지 따뜻한 고기압이 존재한다.

지역보다 기압이 훨씬 빨리 떨어진다. 똑같은 높이에서 북극의 기압과 적도 지역의 기압을 측정해 보면 북극의 기압이 훨씬 낮다. 그림 4-6 (a)처럼 북극의 대기 상층부에 거대한 저기압이 존재하는 이유가 바로 여기에 있다.

그럼 바람은 어느 방향으로 불까? 북극에 규모가 매우 큰 저기압이 대기 상층부에 자리잡고 있어, 바람은 저기압을 중심으로 등압선에 평행하게 불게 된다. 다시 말해, 북극 한가운데 자리잡은 매우 차갑고 기압이 낮은 공기 덩어리(저기압)를 남쪽의 따뜻하고 기압이 높은 공기 덩어리(고기압)가 감싸고 있고, 그 경계에 지구상에서 가장 강한 바람인 제트기류(화살표)가 부는 것이다. 눈에 보이지는 않지만, 북극의 찬 공기와 남쪽의 따뜻한 공기를 경계로 강한 제트기류가 지나고 있다는 사실은 이미 1930년대에 밝혀져 있었다. 그러나 그 형상이 지역적으로 매우 복잡한 양상을 띠고 있어 이를 예측하는 일은 결코 쉽지 않았다. 한 가지 중요한 사실은 제트기류의 세기는 북극의 찬 공기 온도가 낮을수록 더 강해진다는 점이다. 즉, 온도가 낮을수록 공기가 아래에서부터 압축되어 더 강력한 저기압이 상공에 형성되며, 이로 인해 지균풍의 세기도 더 강해져 강력한 제트기류가 형성된다.

극지의 거대한 저기압 공기 덩어리 주변으로 끊임없이 소용돌이치는 제트기류가 극소용돌이다.

반대로 만약 어떤 요인에 의해 북극의 온도가 올라간다고 하면 어떤 일이 일어날까? 당연히 북극 대기 상층부의 저기압이 약해지면서 지균풍 또한 힘을 잃어 약화된 제트기류가 불게 된다. 제트기류는 약해지면 약해질수록 힘을 잃고 남북 방향으로 뱀처럼 구불구불 흐른다. 거대한 저기압 덩어리 주변으로 끊임없이 소용돌이치는 제트기류를 다른 말로 극소용돌이polar vortex라고 부른다. 극소용돌이는 수일에서 수주 간격으로 매우 불규칙하게 제트기류의 세기를 바꿔 놓는다. 그리고 이런 제트기류의 변화가 우리가 살고 있는 중위도 지역의 기상 현상과 기후를 조절한다.

그럼 이렇게 극소용돌이가 복잡하고 변화무쌍하게 변하는 이유는 무엇일까? 그 이유는 근본적으로 제트기류 남쪽의 따뜻한 공기와 북극의 차가운 공기가 대치하고 있는 경계면, 즉 전선에 항상 로스비 파동이 생겼다 사라졌다를 반복하기 때문이다. 그림 4-6 (a)를 다시 한번 살펴 보자. 강한 제트기류를 따라 작은 파동들(L로

그림 4-7

칼 구스타프 로스비Carl Gustav Rossby, 1898~1957 : 20세기 기상학을 이끈 스웨덴 출신 미국의 기상학자. 유체역학을 활용하여 처음으로 대기의 대규모 운동을 수학적으로 기술하였다. 로스비 파동을 이론적으로 정리하고, 제트기류의 특징과 이동에 관해서도 큰 공헌을 남겼다. 컴퓨터를 이용하여 날씨를 예측할 수 있는 로스비 방정식을 개발하기도 했다. 1956년 그가 사망하자 《타임》에서는 기상학에 대한 업적을 기려 표지에 그의 사진을 실었다.

표시된 부분)이 존재하고 있음을 알 수 있다. 이 개별 소용돌이들을 로스비 파동이라 한다. 이 파동은 스웨덴 출신 미국의 대기과학자 칼 구스타프 로스비가 처음으로 발견하였다.

로스비는 제트기류와 대규모 대기운동을 유체역학 관점에서 체계적으로 정립하여 근대 대기과학의 아버지로 불린다. 그는 지구의 자전에 의해 로스비 파동이 나타난다는 것을 보였고, 이 로스비 파동이 지구 기상 현상의 기본이 된다는 것을 밝혔다.

그렇다면 왜 차가운 북극의 공기와, 따뜻한 적도와 중위도 지역의 공기 사이에 로스비 파동이 생겨나는 걸까? 그리고 이 로스비 파동은 어떤 역할을 하는 걸까? 이 질문에 대한 답을 처음 이론적으로 밝혀낸 사람은 로스비의 제자인 미국의 기상학자 줄 그레고리 차니다. 그가 밝혀낸 것은, 언뜻 당연해 보이지만, 회전하는 지구의 대기에서 차가운 공기와 따뜻한 공기가 만들어내는 경계면,

그림 4-8

줄 그레고리 차니Jule Gregory Charney, 1917~1981 : 현대 기상학에 가장 큰 공헌을 한 과학자 중 한 사람으로 경압 불안정baroclinic instability 이론을 완성하였다. 경압불안정 이론은 따뜻한 공기와 차가운 공기가 남북으로 대치할 때, 그 자체로 불안정하여 남북 방향의 열교환을 촉진하는 로스비 파동이 생성된다는 것으로 현대 기상학의 근간이다.

즉 전선은 결코 안정하지 못하다는 사실이다. 그림 4-9를 보자. 이 그림은 전선에서 로스비 파동이 생겼다가 소멸되는 과정을 나타내고 있다.

초기에 극소용돌이는 잠잠하다. 이 말은 극소용돌이를 감싸고 부는 강한 바람인 제트기류가 강한 세기는 유지하면서, 남북으로 요동치지 않고 서에서 동으로 불고 있음을 의미한다(그림 4-9 (a)). 차니가 밝혀낸 것이 바로 이런 상태가 그 자체로는 안정하지 않다는 사실이다. 그는 회전하는 유체에서 이런 상태에서는 외력이 작용하지 않더라도 자체적으로 새끼 로스비 파동이 경계면 사이에 태어날 수 있다는 점을 수학적으로 증명하였다(그림 4-9 (b)). 이렇게 로스비 파동이 생겨나게 되면, 파동의 굴곡을 따라 제트기류가 뱀처럼 남북으로 요동치게 되어, 북쪽의 찬공기가 내려오는 지역은 한파와 폭설이, 더운 공기가 북상하는 지역은 온화한 날씨를 맞게 된다.

한편, 이렇게 찬 공기와 더운 공기의 대치로 발생한 로스비 파동을 따라 지균풍이 불게 되고, 이 지균풍은 차가운 공기를 남쪽으로 보내고, 따뜻한 공기를 북쪽으로 보내려고 한다. 이로 인해 로스비 파동 자체의 진폭은 점점 커지게 된다(그림 4-9 (c)). 모든 경우가 다 그렇지는 않지만, 때때로 로스비 파동이 크게 성장해 찬 공기로부터 떨어져 나오는 경우가 발생한다(그림 4-9 (d)). 이 경우 극한

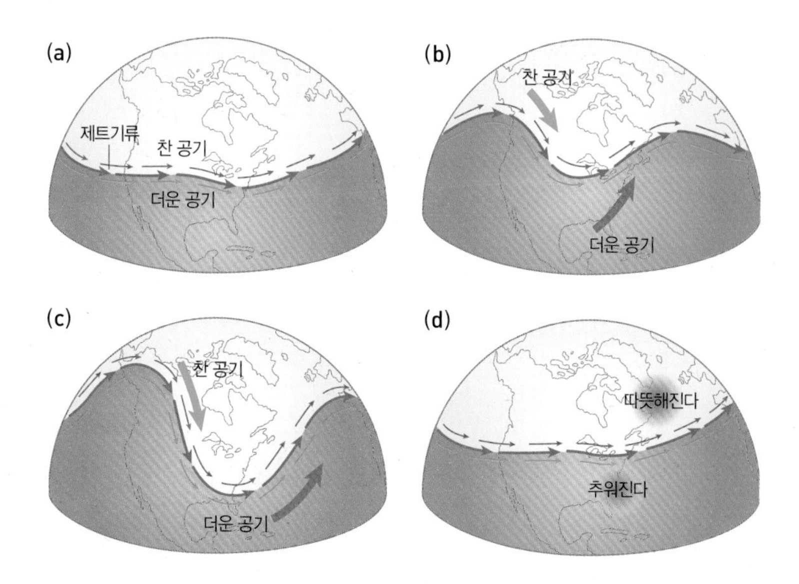

그림 4-9

로스비 파동의 생성, 성장, 소멸 과정을 나타내고 있다. (a) 극소용돌이를 감싼 제트기류가 큰 요동없이 서에서 동으로 돌고 있다. (b) 제트기류를 사이에 두고 고위도 지방의 찬 공기와 저위도 지방의 따뜻한 공기가 서로 대치하면서 제트기류에 로스비 파동이 생성된다. (c) 고위도 지방의 찬 공기는 남쪽으로, 저위도 지방의 따뜻한 공기는 북쪽으로 이동하려 하면서 로스비 파동의 진폭이 점점 커지게 된다. (d) 로스비 파동이 크게 성장하다가, 결국 찬 공기가 떨어져 나와 해당 지역에 머물게 된다. 로스비 파동이 소멸되고 제트기류는 다시 큰 요동없이 서에서 동으로 불고 있다. • Tarbuck and Lutgens(1988)의 그림을 수정.

현상이 발생하기 쉬운데, 그 이유는 떨어져 나온 소용돌이의 경우, 쉽게 사라지지 않고 수 주일에서 길게는 한 달 이상 한 지역에 머물며 그 지역의 날씨에 큰 영향을 주게 된다. 이렇게 떨어져 나온 소용돌이를 제트기류의 흐름을 방해한다는 의미에서 블로킹blocking

남극과 북극 상공에는 지구상에서 가장 큰 소용돌이가
항상 꿈틀대고 있다. 이 소용돌이는 수일에서 수주일의 간격으로
불규칙적으로 수축과 팽창을 반복한다. 바로 극소용돌이다.

이라고 부른다. 한번 발생한 블로킹은 해당 지역에 머물면서 그 지역의 기후에 많은 영향을 준다. 하지만 고립된 소용돌이는 지면과의 계속된 마찰로 운동 에너지를 빼앗기고, 주변 공기와 섞이게 되면서 결국에는 사라진다.

즉, 남쪽과 북쪽의 차갑고 따뜻한 공기 덩어리들이 대치하고 있는 상태는 그 자체가 불안정하여, 지구의 대기는 자연스레 작은 로스비 파동들을 생성해 이 불안정한 대치 상태를 해소하는 것이다.

그럼 로스비 파동은 이런 불안정성을 어떻게 해결하는 걸까?

> 로스비 파동은 차가운 고위도의 공기와 따뜻한 저위도 지역의 공기를 섞어준다. 로스비 파동이 없다면 북극과 적도 지역의 온도차는 지금보다 훨씬 더 커졌을 것이다.

로스비 파동은 차가운 북쪽 공기와 따뜻한 남쪽 공기를 섞어 대치 상태를 풀어준다(그림 4-9 (b)). 이 섞이는 과정 자체는 대기의 대순환을 이해하는데 매우 중요하다. 지구에서 적도 지역이 따뜻하고, 극 지역이 차가운 이유는 지역에 따라 받게 되는 태양 복사에너지의 양이 다르기 때문이다. 다시 말해 극 지방은 태양 에너지를 적도에 비해 덜 받기 때문에 기본적으로 추운 것이다. 그러나 이런 상태를 지속적으로 해소시키는 것이 바로 로스비 파동이다. 이렇게 차가운 공기와 따뜻한 공기가 섞이는 과정이 없다면, 북극과 적도 지역의 온도차는 지금보다 훨씬 더 커졌을 것이고, 어쩌면 극지와 적도의 열적 불균형을 해소하지 못해 현재 우리가 살고 있는 적절한 기후가 아닌, 다른 기후가 되어 있을지도 모를 일이다.

지금까지 극소용돌이의 기본적인 형태와 성질을 북극소용돌이를 중심으로 살펴보았다. 극소용돌이는 우리가 살고있는 중위도 지역의 날씨를 결정하는 데 매우 중요한 요소다. 특히 오존층 파괴나 이산화탄소 방출과 같은 인간 활동에 의한 기후변화는 극 지역의 온도를 급격히 변화시키고 있다. 극소용돌이는 이런 변화에 민감하게 반응한다. 극 지역의 온도가 올라가면, 극소용돌이가 약해지고, 반대로 극 지역의 온도가 떨어지면 극소용돌이는 강해진다. 그래서 기후변화에 따른 극소용돌이의 변화 과정을 이해하는 것은 매우 중요하다. 자세한 내용을 이제부터 알아보자.

3 북극진동이 약해지면 한파가 몰아친다

최근 겨울철마다 우리나라에 한파와 폭설이 자주 나타난다. 특히 2009년에는 서울이 기상관측 사상 최대 강설량을 기록하였고, 2011년에는 서울이 영하 16.8도를 기록할 정도의 매서운 한파가 몰아쳤다. 사실 이런 현상은 우리나라에만 국한되지 않는다. 매년 겨울만 되면 서유럽과 북미에도 극심한 한파와 폭설이 계속해서 발생하고 있다. 2012년 1월에는 우크라이나에서 극심한 한파가 한 달 가량 지속되면서 400명 이상의 사상자가 발생했다. 심지어 인도와 같은 열대 지방에서도 한파 피해가 보고되고 있다. 이렇게 극단적인 한파는 단지 우리나라만의 일이 아니라 북반구 전역의 다양한 지역에서 발생하고 있다. 그렇다면 겨울철에 북반구 각지에 한파가 발생하는 이유는 무엇일까? 이렇게 지구 전체에서 관측되고 있는 이상기후 현상을 앞에서 살펴본 극소용돌이 관점에서 해석해보자.

그림 4-10

데이비드 톰슨David Thompson(왼쪽)과 존 월레스John M. Wallace, 1940~(오른쪽) 석사과정 대학원생이었던 톰슨과 지도교수 월레스는 극소용돌이의 특징을 단순화하여 정리하고, 이를 북극진동이라 이름 붙였다.

앞에서 살펴본 바와 같이, 극소용돌이는 그 자체가 정적이지 않고 변화가 매우 심하다. 미국의 과학자 데이비드 톰슨과 존 월레스는 복잡한 형태의 극소용돌이라도 그 변동성을 대표할 수 있는 가장 간단한 형태가 있을 수 있다는 점에 주목하였다. 그들은 통계 기법의 하나인 경험적직교함수기법Empirical Orthogonal Function, EOF을 해면기압* 자료에 적용하여, 그림 4-11과 같이 단순화된 패턴을 얻었다. 이 패턴은 북극에 자리잡은 저기압과 그를 둘러싼 고기압을 바탕으로 한다. 그 후 매일 혹은 매달의 기압 패턴이 이 형태와 얼마나 유사한지를 지수화하여 북극진동 지

복잡하게 변화하는 북극소용돌이도 변동성을 대표할 수 있는 가장 간단한 형태가 있을 수 있다. 이런 대표적 형태와 얼마나 유사한가를 나타낸 것이 극진동 지수이다.

* 해발고도 0m인 해수면의 기압을 말한다. 지표면은 고도에 따라 기압이 달라질 수 있어, 다른 지점과의 비교가 어렵다. 그래서 실제 관측한 기압을 해면기압으로 보정하여 사용한다.

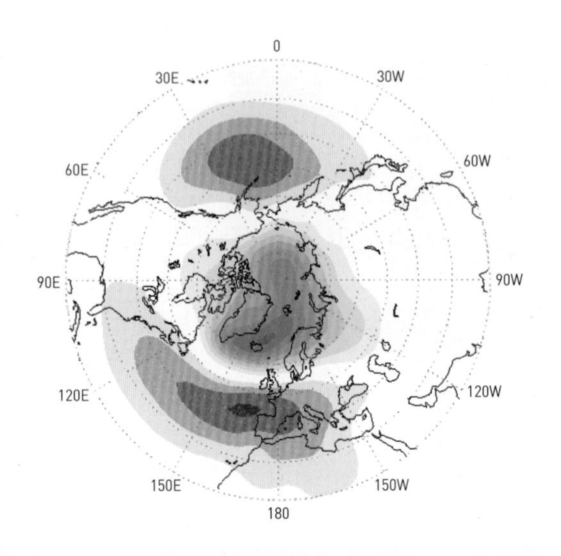

그림 4-11

해면기압 자료로 분석한 북극진동의 패턴. 북극을 중심으로 저기압(푸른색 영역)이 있고, 그 아래 위에 각각 태평양 고기압(노란색 영역)과 대서양 고기압(붉은색 영역)이 보인다. 이 형태가 바로 전형적인 양의 북극진동 패턴이다. • 미국 해양대기국 기후예측센터의 자료를 바탕으로 다시 그림.

수를 만들어냈다.

이렇게 정의된 극진동 지수는 지수가 매우 낮아져 음수가 되면 북극소용돌이가 매우 약화되었다는 것을 의미하고, 양수가 되면 강화된 것을 나타낸다. 남극의 경우에도 이러한 극진동 지수를 정의할 수 있고, 이를 남극진동이라 한다.

그렇다면 극진동 지수가 음의 값으로, 즉 극소용돌이가 약화되면 한반도에 한파가 발생하고 폭설이 내리는 걸까? 사실 항상 그렇지는 않다. 극소용돌이는 변화가 매우 심해 극소용돌이가 약화되면서 나타나는 로스비 파동이 항상 같은 자리에 생기지는 않기 때문이다. 다시 말해, 극소용돌이가 약화되면 찬 공기가 남쪽으로 내려오기는 하지만, 항상 같은 곳으로 내려오지 않고 그 위치를 종잡을 수 없을 정도로 변화무쌍하다는 말이다.

북극진동이 약해지면 찬 공기가 남하한다. 우리나라로 남하하면 한파와 폭설이 몰아친다. 하지만 내려오는 위치는 정해져 있지 않고 항상 변하기 때문에 북극진동이 약해진다고 우리나라에 꼭 한파가 닥치는 것은 아니다

극소용돌이에 의해 한파가 발생하기 위해서는 우선 북극에서 내려오는 찬 공기의 흐름이 필수적이다. 그리고 극소용돌이가 약해질 때 제트기류가 어느 위치에서 뱀처럼 사행을 하느냐에 따라 한파가 발생하는 지역이 결정된다. 그래서 북극진동이 약해졌다고

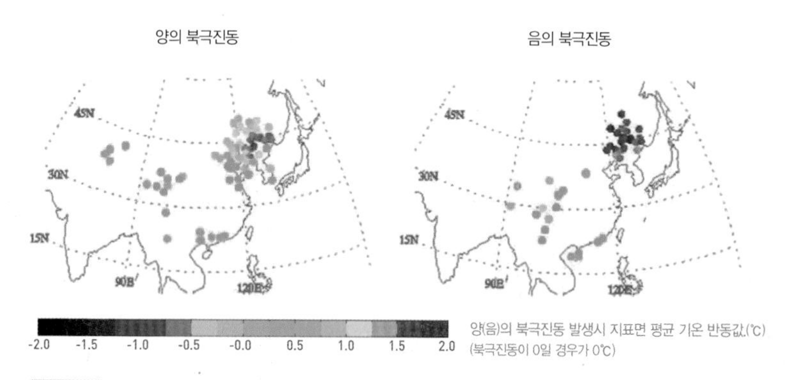

그림 4-12

왼쪽은 양의 북극진동, 오른쪽은 음의 북극진동일 때 한반도를 비롯한 동아시아 지역의 기온 변화를 나타낸 것이다. 음의 북극진동일 경우, 한반도와 동아시아 지역의 기온이 −1~−2 정도 낮아져 푸른색으로 표시된 것을 확인할 수 있다. • Jeong and Ho(2005)의 그림을 수정.

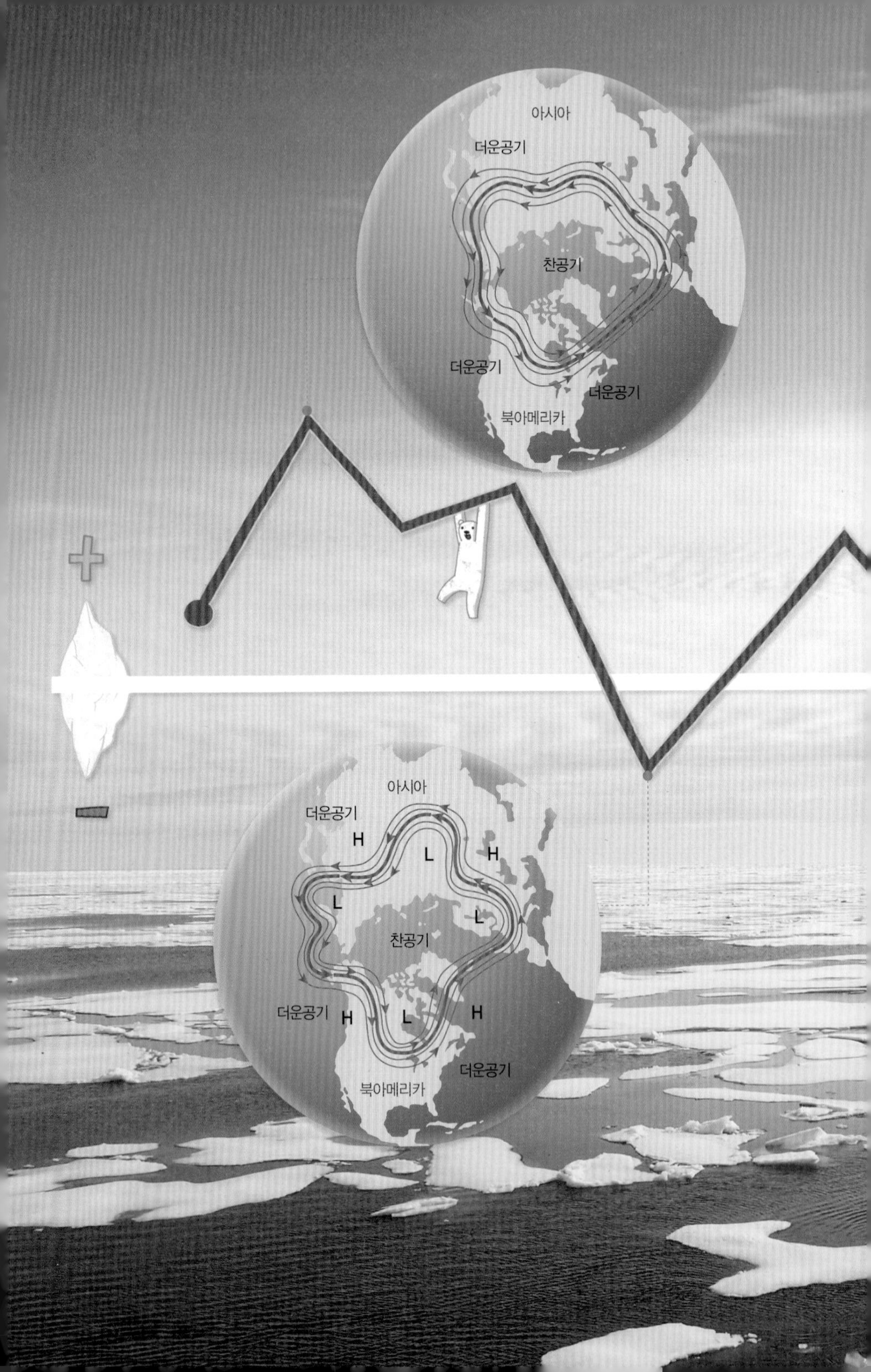

아시아
더운공기
찬공기
더운공기
더운공기
북아메리카
+
-
아시아
더운공기
H
L
H
L
L
찬공기
더운공기
H
L
H
더운공기
북아메리카

그림 4-13

북극진동 지수가 음의 값이 되면, 찬 공기가 남쪽으로 내려와 그 지역이 추워진다. 북극진동 지수가 양의 값일 때는 찬 공기가 북쪽에 그대로 머물러 있다.

한반도에 한파가 몰아친다고 단정할 수 없는 것이다. 하지만 기존 자료를 통계분석한 연구에 따르면, 그림 4-12처럼 음의 북극진동 시기에 우리나라를 비롯한 동아시아 지역에 평균 -1~-2도 정도의 기온 하강이 나타나며, 강력한 한파 발생 빈도가 양의 극진동 시기에 비해 5배 정도 증가했다고 보고되고 있다. 그 이유는 한반도의 경우 극소용돌이의 영향이 아니더라도 겨울철에 시베리아 고기압이 발달하여 찬 공기가 북쪽에서 남하하는 지역에 위치해 있기 때문에, 제트기류의 사행이 나타날 때 차가운 공기가 남하하기 쉽기 때문이다.

그렇다면 이런 극진동 자체는 예측이 가능할까? 아쉽게도 극진동 자체의 위상과 세기는 대기 내부의 비선형성, 성층권과 대류권의 상호 작용, 해양과 해빙의 영향 등 다양한 요인에 의해 결정되기 때문에 장기적인 예측이 쉽지 않다. 하지만 2009년 겨울과 같이 강력하고 오랫동안 유지되는 극진동의 경우는 꾸준한 모니터링을 통해 어느 정도 일기 예보에 응용할 수 있다. 그리고 이런 극진동은 지구 온난화와도 밀접한 관련이 있다.

4 북극소용돌이보다 강력한 남극소용돌이

앞에서 북극에 강력한 북극소용돌이가 존재하는 이유를 설명하였다. 다시 한 번 정리해보자. 북극에 차갑고 밀도 높은 공기 덩어리가 존재해, 북극 상공의 기압이 상대적으로 낮아져 강한 저기압이 형성된다. 이 저기압을 따라 일종의 지균풍인 강력한 제트기류가 형성되기 때문에 북극소용돌이가 생긴다. 그렇다면 남극은 어떨까? 앞에서 살펴본 것처럼 남극은 북극보다 지표면 온도가 훨씬 낮다. 남극이 바다가 아니라 대륙이기 때문이다(2-1절 참조).

더구나 남극은 북극과 달리, 대륙을 감싸고 있는 지역이 바다이기 때문에 제트기류의 흐름을 방해할 만한 요소도 없다. 그렇다면

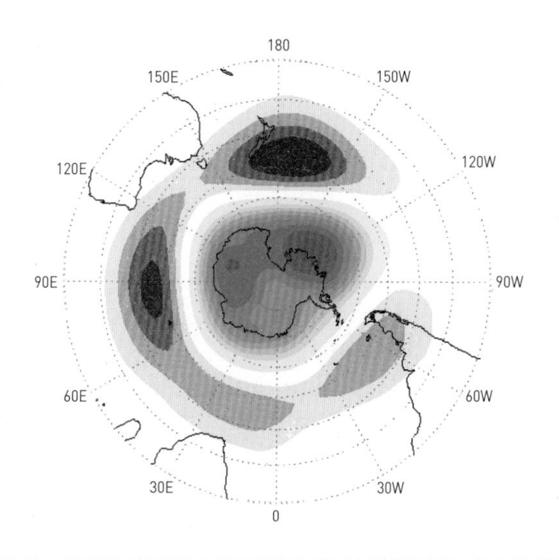

그림 4-14

남극 진동의 패턴. 남극 대륙 중심에 강력한 저기압이 자리잡고 있고, 그 주위를 분리된 세 개의 고기압이 감싸고 있다. • 미국 해양대기국 기후예측센터의 자료를 바탕으로 다시 그림.

같은 원리로 남극에도 소용돌이가 존재해야 하지 않을까? 그렇다. 북극소용돌이보다 훨씬 강력한 제트기류가 남극 주변을 감싸며 불고 있다. 앞에서 극소용돌이가 매우 불규칙하기 때문에 극진동이라는 단순화된 기압 패턴으로 극소용돌이의 강약을 판단한다고 설명하였다. 북극진동과 마찬가지로 남극진동을 나타내면 그림 4-14와 같다. 남극진동은 북극진동과 상당히 유사하나, 남극 대륙의 공기 덩어리가 북극보다 차가워 더욱 강력한 저기압이 남극 대륙을 중심으로 발달해 있는 것을 알 수 있다. 또한 저기압을 중심으로 그 주위에 세 개의 고기압 덩어리가 저기압을 감싸며 바다 위에 있는 것을 확인할 수 있다. 남극에는 이런 남극 진동 패턴이 수일 혹은 수주를 주기로 강약을 반복하면서 남극의 날씨와 기후를 조절한다.

5 일주일 만에 50도나 상승하는 북극의 성층권과 북극소용돌이

계절이 바뀌는 봄과 가을에는 일교차가 커 사람들이 감기에 자주 걸린다. 햇빛이 비치는 낮에는 따뜻하고 밤이 되면 싸늘해지는 날씨는 여러분도 익숙할 것이다. 일교차가 심할 때는 낮과 밤의 기온차가 10도 이상 나기도 한다. 그런데 하루 이틀 사이에 온도가 수

십 도씩 오르내리는 지역이 지구상에 있다고 하면 믿어지는가? 그런 곳이 있다. 바로 북극의 성층권이다. 특히 겨울철 북극의 성층권에서는 불과 며칠 사이에 40~50도까지 온도가 상승하는 일이 벌어진다. 실로 경이로운 일이 아닐 수 없다. 도대체 무엇 때문에 이렇게 갑자기 기온이 바뀌는 걸까? 이 현상을 성층권 돌연승온 현상 Stratospheric Sudden Warming, SSW이라고 하는데, 이 현상도 극소용돌이와 밀접한 관련이 있다. 여기서는 이에 대해 알아보기로 하자.

기상학이 유럽과 미국을 중심으로 비약적으로 발전하기 시작한 1930년대 이후로 대기과학자들은 날씨와 기후는 우리가 살고 있는 대류권, 즉 지상으로부터 고도 약 10킬로미터 이내에서만 일어나는 현상이라고 생각해왔다. 그러나 기상학이 발전하면서 중위도 지역(북위 30~60도)의 대류권에 존재하는 로스비 파동이 사실은 대류권에 갇혀있는 것이 아니라 상층으로도 전파되어 성층권의 기상과 기후 현상을 결정적으로 바꾸어 놓을 수 있다는 사실이 밝혀졌다.[12 13] 북반구 겨울철 성층권에서 발생하는 대표적인 기상현상인 성층권 돌연승온 현상이 그 좋은 예다.

이 현상은 독일의 기상학자 리하르트 슈어하그가 1952년에 처음으로 관측했다. 인공위성으로 기상 관측을 하기 전에는 기상 관측 장비가 달린 풍선인 라디오존데(그림 4-15)로 높은 고도의 기상 현상을 관측했다. 슈어하그는 이 라디오존데를 이용해 1951년부

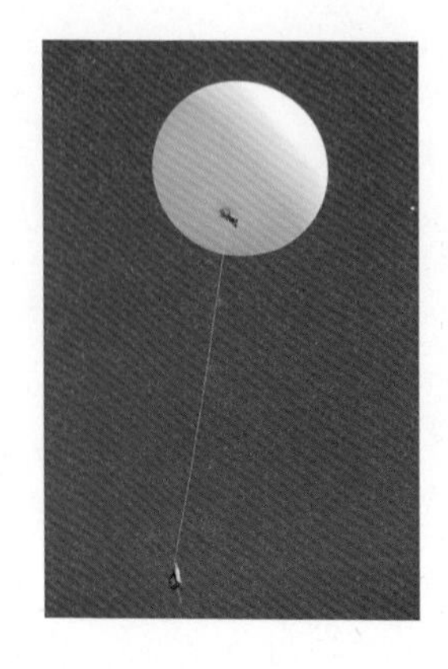

그림 4-15

라디오존데radiosonde. 커다란 풍선에 기상 관측 장비와 송신 장치를 매달아 대기 상층부로 날려보내 그곳의 기상 요소들을 측정하여 지상으로 전송하는 장비다. 기온과 기압, 습도와 같은 기본적인 요소 외에 오존 농도나 복사에너지, 자외선의 양 등을 측정하기도 한다.

터 성층권을 지속적으로 관측하기 시작했다. 그전에도 성층권의 온도를 측정하기 위한 노력은 있었으나 지속적으로 관측한 것은 슈어하그가 처음이었다. 그는 1952년 1월 27일에 성층권의 온도가 평소보다 섭씨 50도 가까이 상승하는 것을 관측하였다.

그렇다면 이런 성층권 돌연승온 현상은 왜 발생하는 것일까? 슈어하그의 발견 이후 이런 갑작스런 온도 상승을 설명하기 위해 여러 시도들이 있었다. 그러나 대부분의 시도들이 만족스런 답을 주지 못했는데, 그것은 당시 대부분의 사람들이 성층권의 변화를 성층권 내부 물질에 의한 복사효과나 성층권의 대기 운동 자체에서 찾고자 했기 때문이었다. 하지만 일본의 대기과학자 마츠노 타로는 좀 다른 생각을 갖고 있었다. 그는 성층권의 갑작스런 온도 상승이 단순히 열이 가해져 나타난 현상이 아니라고 생각했다. 그는 겨울철 북위 60도, 약 50킬로미터 상공에는 극야제트polar night jet 라는, 초속 50미터 이상의 강한 바람이 불고 있음에 주목하였다. 극야제트는 크기를 일정하게 유지하지 않고 강약 변동이 매우 심한데, 특히 북반구 겨울철에는 1~2년에 한 번 꼴로 1~2주 동안 바람이 급격히 약화되었다가 회복되는 현상이 나타나곤 했다. 그는 이렇게 성층권의 극야제트가 갑자기 약해지는 것과 성층권의 온도가 갑자기 급격하게 증가하는 현상이 거의 동시에 나타나는 것을 발견했다. 즉, 성층권 돌연승온 현상이 외부의 열원에 의한 현상이 아니라 바람이 급격히 약해지는 것과 관련이 있는 역학적 현상이라는 것을 간파하였다.

그렇다면 외부의 열이 공급되지 않은 상태에서 공기 덩어리의 온도가 어떻게 그렇게 급격히 올라갈 수 있을까? 특이하게도 열 공급과 무관하

그림 4-16

마츠노 타로松野太郎,1934~. 대기역학을 전공한 일본의 기상학자. 지구 시뮬레이터Earth Simulator라는 기후모델 개발을 주도하여, 지구온난화를 밝혀내는데 큰 역할을 했다. 적도 지역의 대기와 해양의 움직임을 연구하여 엘 니뇨 현상을 밝혀내는데 기여했으며, 성층권 돌연승온 현상의 메커니즘 규명에 큰 공헌을 했다.

게 온도를 변화시킬 수 있는 방법이 대기에는 존재한다. 바로 공기 덩어리의 상승과 하강이다. 대기 중에서 상승하는 공기는 외부에서 열이 가해지지 않아도 온도가 떨어지고, 하강하는 공기는 반대로 온도가 올라간다. 단열팽창과 단열압축의 원리 때문이다. 대기 중의 공기 덩어리가 상승하면, 고도가 높아질수록 대기의 밀도가 급격히 희박해지기 때문에 공기 덩어리 자체가 팽창한다. 즉, 외부에 일을 하는 것이다. 공기 덩어리는 부피를 늘리는 일을 하면서 에너지를 소모하고, 그에 따라 온도가 떨어진다. 반대로 공기가 하강하게 되면 공기 덩어리의 외부에서 공기 덩어리를 압축하며 공기 덩어리에 일을 해주게 되고, 공기 덩어리의 부피가 줄면서 에너지를 얻어 공기 덩어리의 온도가 증가한다.

정리하면 성층권에서 극 지역을 감싸돌고 있는 극야제트 기류가 급격히 약해지면 역학적 균형을 맞추기 위해 중위도로부터 북극 쪽으로 급격하게 공기가 모여든다. 이렇게 모인 공기는 북극 상공에서 어딘가로 빠져나가야 한다. 그래서 상하로 흩어지게 되는데, 이 과정에서 극야제트 하단에 있는 성층권 대부분의 영역에서 강한 하강 기류가 발생한다. 이렇게 아래로 갑작스레 하강하는 공기 덩어리는 단열압축을 통해 급격하게 온도가 상승한다.[14] 그래서 북극 성층권의 온도가 갑자기 섭씨 40도 이상 올라가는 현상이 나타나는 것이다. 이것이 바로 성층권 돌연승온 현상이다. 성층권 돌연

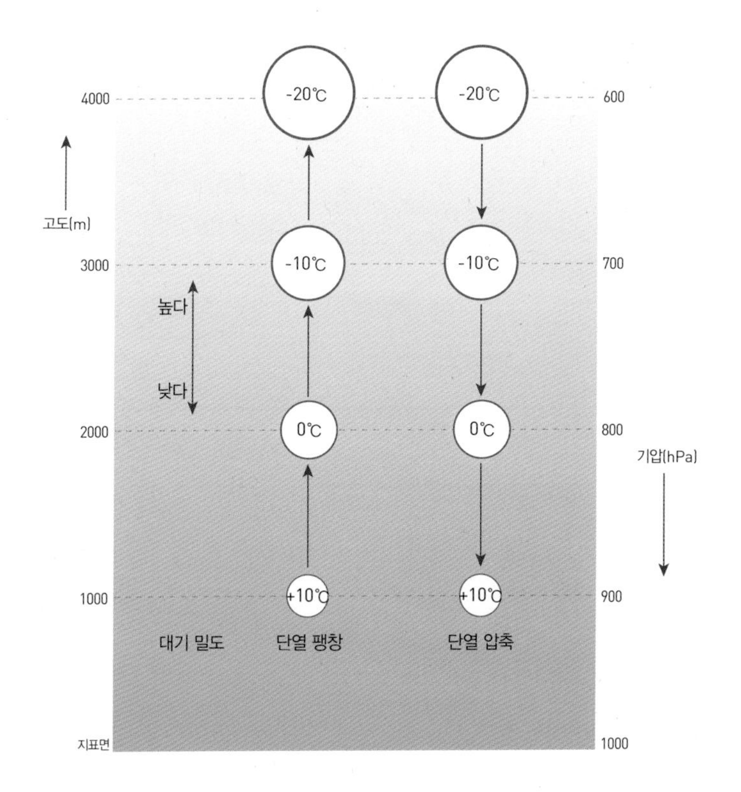

그림 4-17

공기 덩어리(기단)가 외부와 열교환 없이, 단지 고도 상승과 하강만으로 기온이 올라가거나 낮아지는 과정을 나타내고 있다. 원 안 숫자는 실제 온도가 아니라 설명을 위한 예시다.

승온 현상은, 외부열원에 의해 온도가 빠르게 상승하는 것이 아니라, 역학적인 단열압축이 만들어낸다. 단 며칠 사이에 엄청난 양의

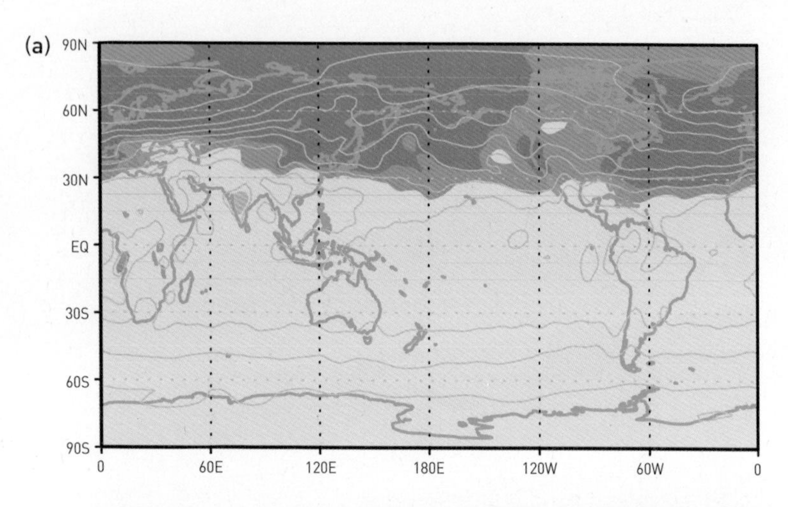

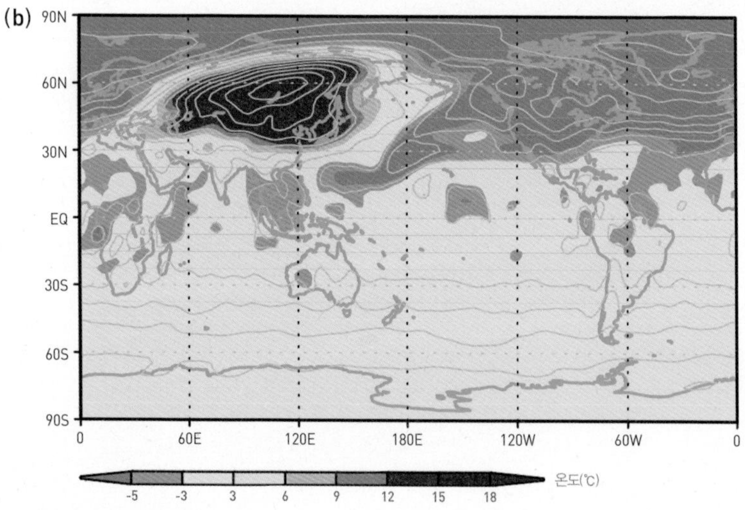

그림 4-18

지상 약 30km 상공(10hPa 등압면)*의 온도 변화를 측정한 것이다. 아시아 전역에 20℃ 이상의 기온 상승이 일어난 것을 볼 수 있다. (a)성층권 돌연승온 현상이 나타나기 전(2012년 12월 21일) 성층권의 온도 분포 (b)성층권 돌연승온 현상이 나타난 후(2013년 1월 1일) 성층권의 온도 분포. • Arctic Sea Ice Blog의 그림을 수정.

공기가 섭씨 40도 이상 온도가 올라가는 일이 우리 머리 위에서 벌어지고 있는 것이다.

이런 성층권 돌연승온 현상의 더욱 근본적인 원인은 대류권에서 찾을 수 있다. 앞에서 극소용돌이의 경계면에는 다양한 규모와 형태의 로스비 파동이 발생한다는 것을 살펴보았다. 이 가운데 규모가 큰 로스비 파동은 수평 방향뿐만 아니라 상층으로도 전파되기도 한다. 성층권은 대류권에 비해 밀도가 훨씬 낮기 때문에, 상층으로 전파되는 파동은 그 과정에서 진폭이 커지게 된다. 이렇게 상층으로 전파되던 로스비 파동이 성층권에 존재하는 극야제트와 만나게 되면, 서로 상호작용을 하면서 극야제트는 약해지고, 로스비 파동은 스스로 소멸해 버린다. 즉, 성층권 돌연승온 현상의 첫 단계인 극야제트 풍속이 급격히 감소하는 현상이 나타나는 것이다.

성층권 돌연승온 현상은 그 자체로도 매우 흥미로운 현상이지만, 우리가 살고 있는 대류권에 미치는 파급 효과 또한 매우 크다는 점에서 더욱 관심을 가질 수 밖에 없다. 성층권 돌연승온 현상이 나타나는 근본 원인이 대류권에서 발생한 로스비 파동의 전파에 있다는 것은 앞에서 설명하였다.

* 헥토파스칼(hPa)은 기압의 단위다. 지표면의 기압이 약 1000hPa로, 10hPa이면 기압이 매우 낮은 대기상층부를 의미한다. 기압은 단위면적당 받는 힘으로, 1제곱미터에 1뉴튼의 힘이 가해질 때의 압력(1N/m^2)을 1파스칼(Pa)이라 한다. 헥토는 100을 뜻한다.

그러나 반대로 성층권 돌연승온 현상이 대류권에 미치는 영향에 대해서는 거의 연구가 이루어지지 않았다. 하지만 최근 십여 년간 위성 관측과 모델링의 비약적인 발전, 그리고 이들 자료에 근거한 대류권과 성층권 상호작용을 설명하는 이론이 발달하면서 성층권과 중간권으로 대표되는 고층 대기의 역학적 현상이 대류권의 기상현상에도 큰 영향을 줄 수 있다는 사실이 하나 둘 밝혀지고 있다.[15 16] 특히 최근 발표된 연구에 따르면, 북반구에서 겨울철에 성층권 돌연승온 현상이 나타나면, 수 주 혹은 길어지면 수 개월까지 대류권의 기상 현상이 영향을 받게 되고 특히 유럽과 동아시아, 북미 각지에서 성층권 돌연승온과 관련된 한파, 폭설 등의 극한 기상 현상이 나타날 수 있다는 것이 모델링 실험을 통해 입증되었다.[17] 그러나 성층권의 변화가 대류권의 기상 현상에 어떤 영향을 미치는지 아직까지는 완벽하게 설명하지 못하고 있다. 따라서 아직은 해석에 주의가 필요하다.

성층권 돌연승온 현상이 나타나면 북극진동이 약화되었기 때문에 찬 공기가 남하하여 한파와 폭설이 몰아친다.

성층권 돌연승온 현상이 생겨나는 것을 북극진동의 관점에서 해석해 볼 수도 있다. 성층권 돌연승온 현상이 극야제트의 약화, 그리고 그에 따른 극소용돌이의 급격한 약화에서 비롯된다는 것은 앞에서 이미 설명하였다. 다시 말해, 성층권 돌연승온 현상이 발생했

많은 과학자들이 2040~2050년경에는
북극해의 해빙이 완전히 사라질 것이라고 예측한다.

다는 것은 성층권에 존재하는 극소용돌이가 급격히 약화되었다는 뜻이다. 그래서 성층권 돌연승온 현상이 발생하면, 이미 성층권에서 북극진동이 시작된다고 할 수 있으며, 극소용돌이는 성층권에서 대류권까지 연결돼 있기 때문에, 시간이 흐르면 결국 대류권의 북극진동도 약화되어 대류권에 음의 북극진동이 발생하게 된다. 이렇게 되면 대류권의 제트기류가 급격히 약화되면서 사행을 하게 되고 특정 지역에 한파와 폭설이 자주 나타나게 된다.

이렇게 북극을 중심으로 한 고층 대기 기후변동에 대한 이해의 중요성이 커지고 있다, 또한 이를 활용해 한반도의 날씨와 계절 예측 등을 획기적으로 개선할 수 있는 가능성이 충분히 있다. 하지만 해외의 활발한 연구와는 대조적으로 국내에서는 아직 관련 연구가 미미한 상태다. 관측자료만을 이용한 연구는 자료의 시간적·공간적(특히 연직 범위) 제한으로 분석 작업 및 이론 정립에 한계가 있다. 그리고 수치실험을 통한 연구는 장기간의 자료를 토대로 다양한 해석 작업이 가능하지만, 성층권 돌연승온을 시뮬레이션할 수 있을 정도로 고층 대기의 하부 변동을 관측 결과와 유사하게 계산할 수 있는 기후모델은 극히 제한적이다. 또한 막대한 계산 시간이 소요되는 작업이기도 하다.

6 남극에만 오존구멍이 뚫린 이유는 강력한 남극소용돌이 때문

오존층은 태양이 방출하여 지구에 도달하는 자외선의 대부분을 중간에서 흡수하여 지상에 도달하지 못하도록 막아주는 역할을 한다. 자외선은 파장이 10~400나노미터의 전자파로, 피부암과 화상을 일으키는 등 생물에게 치명적이다. 그래서 만약 오존층이 자외선을 흡수하지 않으면 생물은 지구상에서 살아갈 수 없다.

이번 장에서는 남극과 북극의 기후변화에 중요한 오존층을 알아보고, 오존층이 파괴되면 극소용돌이에 어떤 영향을 미치는지 살펴볼 것이다. 먼저, 그림 4-19를 보자. 이 그래프는 파장대별로 태양의 복사에너지가 지구로 얼마나 들어 오는지(노란색 영역), 또한 지구 표면까지는 얼마나 도달하는지(붉은색 영역)를 나타내고 있다. 붉은색 부분이 폭넓게 분포해 있으며 상당한 양의 태양 복사에

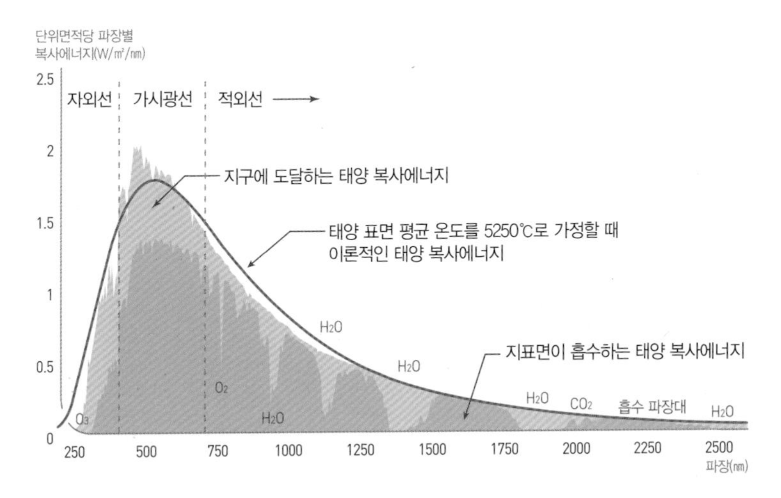

그림 4-19

대기 상층부(노란색 부분)와 지표면(붉은색 부분)에서 측정한 햇빛의 파장대별 복사에너지 세기. 그림의 맨 왼쪽에, 노란색 부분은 있지만 붉은색 부분은 없는 곳이 바로 오존이 흡수하는 자외선 파장 영역이다. 오존이 대기로 들어오는 자외선 대부분을 흡수하고 있다. 적외선 파장 영역에서는 수증기가 상당한 복사에너지를 흡수(붉은색 부분의 움푹 패인 곳들)하고, 이산화탄소의 흡수 효과도 확인할 수 있다.

너지가 대기에 흡수되지 않고 바로 지표면까지 도달하고 있음을 알 수 있다. 그러나 특정 파장대에서 대기 중의 기체에 복사에너지가 흡수되고 있는 것도 확인할 수 있다. 특히 이 그림의 왼쪽 끝부분을 살펴보면 지구로 날아오는 자외선은 많으나(노란색 영역) 대부분이 오존에 흡수되어 지표면에는 거의 도달하지 않고 있다.

성층권에 오존이 존재한다는 것을 최초로 인지했던 사람은 아일랜드의 과학자 월터 하틀리였다. 하틀리는 1881년에 지표면에 도달한 자외선을 광학장비로 측정하여 300나노미터 이하의 파장을 지닌 자외선이 지표면에는 도달하지 않는다는 사실을 알아냈다. 이런 관측 결과로부터 그는 성층권에 오존층이 존재할 것이라고 추정하였고, 1913년에 프랑스의 과학자 샤를 파브리와 앙리 부이손에 의해 처음으로 오존층의 실체가 밝혀졌다. 그 후 영국의 과학자 고든 돕슨에 의해 오존의 광화학적 성질들이 자세히 탐구되기 시작했다. 1930년대에 돕슨은 전 세계의 오존 분포를 확인할 수 있는 오존 관측망을 설치하기 시작했고, 현재까지도 이 관측망이 유지, 활용되고 있을 만큼 훌륭한 관측 네트워크를 구축하였다. 그의 업적을 기려 현재 대기 중 오존의 양을 측정하는 단위를 돕슨단위Dobson Unit, DU라 부르고 있다. 돕슨단위는 단위면적의 공기 기둥 내에 포함된 오존의 농도를 나타낸다.

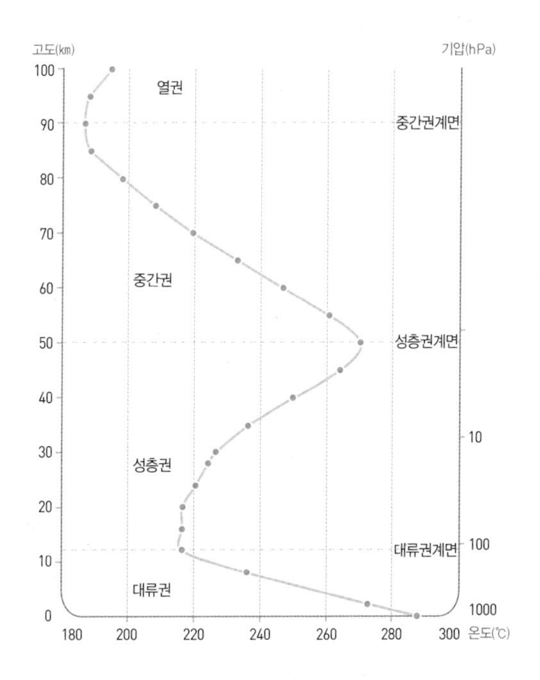

그림 4-20

대기의 평균적인 연직 구조. 지상으로부터 약 12km까지를 대류권, 대류권 위로부터 지상 약 50km까지를 성층권, 성층권 위로부터 지상 약 90km까지를 중간권, 중간권 위로부터 지상 약 1000km까지를 열권이라 한다. 각 권역별로 고도에 따라 기온 변화 특성이 뚜렷하다. 대류권과 성층권의 경계면을 대류권계면, 성층권과 중간권의 경계면을 성층권계면, 중간권과 열권의 경계면을 중간권계면이라고 한다.

성층권은 대류권 위로 고도 약 50킬로미터까지의 대기층이다. 대기는 고도에 따라 각 권역별로 독특한 온도 특성을 보인다. 고도별로 대류권은 온도 하강, 성층권은 온도 상승, 중간권은 온도 하강, 열권은 온도 상승의 패턴을 보인다(그림 4-20 참조). 오존층은 지상 약 20~30킬로미터 상공의 성층권 안에 있다. 오존층에서는 오존이 자외선을 흡수하여 높이에 따라 기온이 증가한다. 하지만 이렇게 성층권의 기온 구조를 바꾸는 오존의 양 자체는 극히 미량이다. 성층권 자체가 전체 대기를 구성하는 공기의 질량과 비교했을 때 약 0.6ppm정도이니 성층권의 일부에 불과한 오존층이 얼마나 작은 양의 오존을 갖고 있는지 짐작할 수 있을 것이다. 이 작은 양의 오존이 성층권의 온도를 크게 바꾸어 놓는 것이다.

오존은 햇빛의 자외선에 산소 분자가 노출될 때 일어나는 다양한 광화학적 분해와 결합 반응으로 만들어지는데, 이 과정은 영국의 수학자이자 물리학자인 시드니 채프먼*이 1930년대에 처음으로 밝혔다.

그는 간단한 화학식으로 오존이 어떻게 생성되고 파괴되는지를 기술하였다. 그림 4-21을 보자. 성층권에 있는 산소 분자가 햇빛을 받으면 자외선 영역의 에너지를 흡수하면서 2개의 산소 원자로 분해된다(1번 과정). 이 산소 원자가 다른 산소 분자와 결합하면 오존

* 시드니 채프먼Sydney Chapman, 1888~1970 : 영국의 수학자이자 지구물리학자. 태양에 의한 지자기 변동 분야의 선구자로, 자기폭풍과 오로라 등을 연구했다. 지구과학과 천문학 연구에 큰 진전을 가져온 국제지구관측년International Geophysical Year, IGY을 제임스 반 알렌 등과 함께 1950~60년대에 추진하였다.

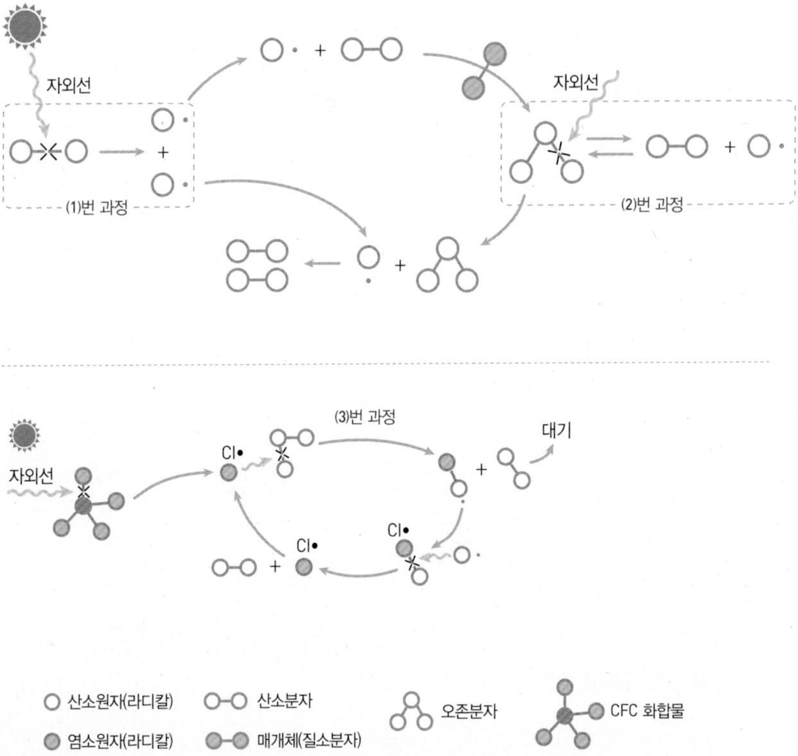

그림 4-21

산소 분자가 태양의 자외선을 받아 오존이 생성되는 과정을 나타냈다. 산소 분자는 자외선을 받아 2개의 산소 원자로 분해된다(1번 과정). 산소 원자와 산소 분자는 결합하여 오존을 생성하지만, 이 오존은 자외선을 받아 다시 산소 원자와 산소 분자로 분해된다. 하지만 산소 원자는 다시 산소 원자와 빠르게 결합해 오존을 생성한다(2번 과정). 성층권에서는 이렇게 오존의 생성과 파괴가 끊임없이 일어난다.
3번 과정이 염소 라디칼이 오존과 결합하는 반응이다. 염소와 오존이 반응하여 산화염소와 산소 분자를 만들고, 이 산화염소는 오존과 반응하여 다시 염소 라디칼과 두 개의 산소 분자를 만든다. 이렇게 염소 라디칼은 오존을 계속 산소로 바꿔 오존을 없애버린다. • Oxtoby, Gillis and Nachtrieb(2002)의 자료를 바탕으로 다시 그림.

분자가 만들어진다. 이때 산소 분자와 산소 원자가 결합하여 오존 분자가 되기 위해서는 충돌이 일어나야 하는데, 단순히 산소 분자와 산소 원자만의 충돌로는 오존이 생성되지 못한다. 그 이유는 산소 원자가 높은 에너지 상태라 불안정하여 다른 곳에 에너지를 방출해야 결합이 가능하기 때문이다. 즉, 이 둘이 합쳐져서 오존이 되기 위해서는 에너지를 가져갈 다른 매개체가 필요하다. 따라서 실제로는 아래와 같은 반응이 일어난다.

$$O_2 + O + M \rightarrow O_3 + M$$

여기서 매개체(M)은 또 다른 산소 분자나 대기 중에 풍부하게 존재하는 질소 분자가 된다. 이 과정을 통해 오존이 형성되면서 매개체는 에너지를 얻게 된다. 바로 이 에너지로 성층권이 가열되는 것이다. 중간에 에너지를 전달받는 매개체가 개입하기는 하지만, 결과만 보면 산소 분자 하나와 산소 원자 하나가 만나 오존 한 분자가 생성되는 프로세스다. 그런데 특이한 것은 이 오존이 다시 자외선을 받으면 에너지를 흡수하면서 다시 하나의 산소 원자와 하나의 산소 분자로 분리되어 버린다는 것이다. 그러면 다시 이들 산소 분자와 산소 원자는 공기 중을 떠돌다가 매개체를 만나면 다시 오존으로 변화한다. 성층권에서는 이 과정이 무한히 반복된다. 이 과정은 매우 짧은 시간 즉, 수 분에서 길어야 하루 안에 이루어져, 성층권의 산소는 햇빛의 자외선을 흡수해 오존으로 성층권을 덮게 된다.

이렇게 오존은 가만 두어도 파괴와 생성을 반복하며 항상 일정한 양을 유지하는데, 만약 오존을 인위적으로 분해하는 물질이 대기 중에 존재한다면, 오존의 총량은 감소할 수 밖에 없다. 바로 그 물질이 염소다. 염소 라디칼*은 자연적으로도 발생하지만, 다른 여러 방법에 의해 생길 수 있다. 그 중에서도 특히 사람들이 자주 사용하는 스프레이와 같은 발포분사제, 냉장고의 냉각제, 반도체의 세척제로 자주 사용되었던 프레온에 의해 많이 생성된다. 프레온의 주성분은 염화불화탄소**로 이 기체는 광화학 반응을 통해 염소 라디칼을 생성한다. 염화불화탄소는 안정적인 물질이라 상당 기간 파괴되지 않고 대기 중에 머물러 있으며, 때때로 성층권으로 유입되기도 한다. 성층권으로 유입된 염화불화탄소는 분해되어 염소 라디칼을 만들게 된다. 이 염소 라디칼이 오존을 만나면 오존을 산소분자로 되돌려 오존의 양이 크게 줄어든다. 특히 이 염소 라디

* 최외각 전자 껍질의 전자가 쌍을 이루지 못한 원자나 분자를 말한다. 이들 물질은 불안정하여 화학적 반응성이 상당히 크다.

** 염화불화탄소Chlorofluorocarbon, CFC는 탄소와 불소, 염소로 구성된 유기화합물이다. 듀폰에서 개발한 프레온이라는 상표명으로 많이 알려져 있다.

칼은 1개가 10만개 이상의 오존을 파괴할 정도로 파괴력이 크다. 결국 이로 인해 남극의 오존이 부족해져서 오존구멍이 만들어지게 되었다.

지금까지 오존층이 성층권에 존재하고 있는 이유와, 어떤 화학적 반응을 통해 오존이 생성되고 파괴되는지를 개략적으로 살펴보았다. 이제 다시 극지로 돌아가보자. 먼저 위도에 따른 성층권의 오존 분포를 한번 살펴보자. 앞에서 오존이 생성되기 위해서는 자외선의 도움이 반드시 필요하다는 것을 살펴보았다. 그렇다면 오존은 햇빛이 정면으로 들어오는 적도 지방에 많고, 고위도로 갈수록 햇빛이 약해져 생성되는 오존의 양이 적어야 할 듯하다.

그러나 그림 4-22를 보자. 이 그림은 위도에 따른 오존의 분포를 인공위성에서 찍은 것이다. 자세히 살펴보면 적도보다 오히려 고위도 지역에 오존이 훨씬 많다는 것을 알 수 있다. 왜 그럴까? 그 비밀은 성층권에 존재하는 특별한 대기 순환에 있다. 1956년 앨런 브루어와 고든 돕슨은 대부분의 오존이 적도 상공에서 생성되는데도, 적도 상공의 오존 농도가 고위도 지역보다 낮은 이유를 설명하기 위해, 그림 4-22의 검은 선과 같은 대기 흐름이 성층권에 있다고 가정하였다. 즉, 적도에서 생성된 오존이 대기 순환을 타고 극지역으로 이동하여 고위도 지역에 쌓이기 때문에 적도보다 오히려

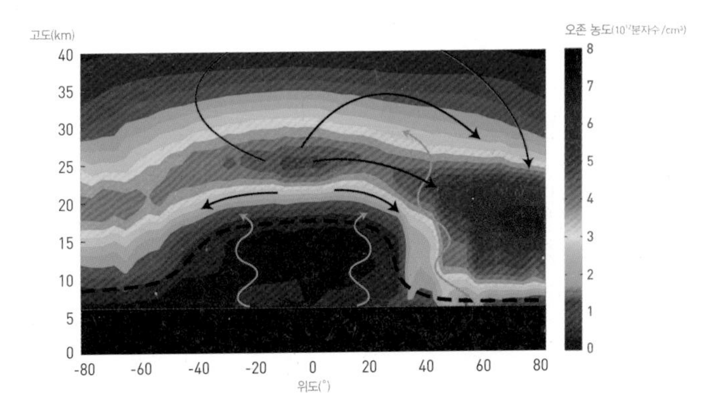

그림 4-22

위도에 따른 오존 농도의 연직 분포와 성층권의 브루어-돕슨 순환을 나타내고 있다. 붉은 색 부분이 오존의 농도가 높은 곳이다. 적도 지역보다 고위도 지역이 오히려 더 붉게 표시되어 있다. 검은색 화살표는 브루어-돕슨 순환을 나타낸다. 적도 지방에서 고위도 지방으로 이동하는 성층권의 공기 흐름에 의해 오존이 적도 지방에서 극 지방으로 움직인다. • Shaw and Shepherd(2008)의 그림을 수정.

오존 농도가 높을 수 있다는 생각에서였다. 그들의 생각은 그 후 관측과 모델링을 통해 입증된다.

그런데 극 지역에 풍부하게 존재하던 오존이 1970년대 후반부터 급격하게 감소하는 일이 벌어지기 시작했고, 마침내는 남극 오존층에 구멍이 뚫린 것처럼 오존의 양이 감소해버린 일이 생겼다(그림 4-23 참조). 이는 앞에서 언급한 오존층 파괴물질인 염화불화탄소를 냉매로 과도하게 사용하여 벌어진 일이었다. 다행히도 그 즈음

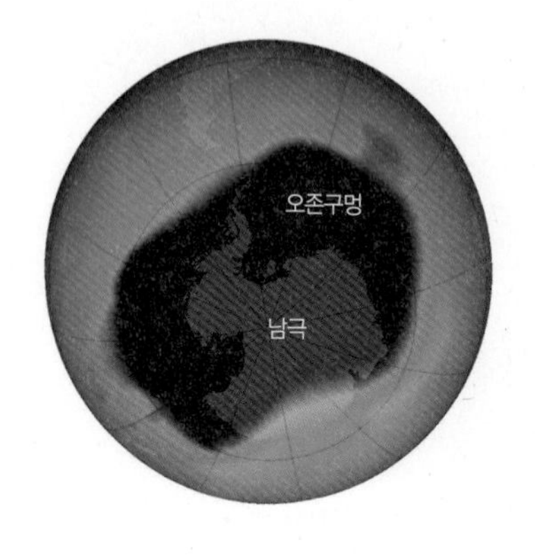

그림 4-23

2006년 9월 24일에 위성에서 관측한 역사상 가장 큰 남극의 오존구멍이다. 푸른색과 보라색 영역이 오존이 가장 적은 지역이고, 녹색과 노란색 영역은 오존이 풍부한 곳이다.

에 네덜란드의 대기화학자인 파울 크루첸과 동료들은 오존층이 파괴되는 원리를 명확히 이해할 수 있었고, 이를 바탕으로 세계 각국은 1987년 몬트리올 의정서에 따라 염화불화탄소 사용을 규제하기 시작했다. 이후 대기 중 염화불화탄소의 농도는 빠르게 감소하였고, 그 결과 오존구멍의 크기는 2010년을 전후하여 더 이상 커지지 않고 있다. 이 공로로 크루첸은 동료들과 1995년에 노벨상을 수상하였다. 그들이 아니었다면 남극의 오존층은 지금보다도 훨씬 더 많이 파괴되었을 것이고, 아마 회복이 불가능한 상태에 도달했을지도 모른다. 몬트리올 의정서는 현재까지도 가장 성공적인 국제 협약으로 남아있다.

그런데 상식적으로 생각하면, 사람들이 많이 살고 있는 북반구에서 프레온이 더 많이 사용되니 남반구보다 북반구에서 오존구멍이 더 크게 나타나야할 것 같다. 그러나 실상은 남극지역에만 큰 오존구멍이 존재할 뿐 북극에는 오존구멍이 잘 나타나지 않는다. 그 이유가 무엇일까? 그 이유는 남극 대륙이 바다로 이루어진 북극보다 훨씬 더 추워, 남극 상공을 띠처럼 감싸고 있는 남극소용돌이가 북극소용돌이보다 강하기 때문이다. 앞에서 우리는 극 지역의 차갑고 밀도 높은 공기로 인해 극 지역에서 강력한 극소용돌이가 발생한다는 것을 알아보았다. 그런데 같은 극소용돌이라도 남극소용돌이가 북극소용돌이보다 훨씬 강하다. 풍속도 훨씬 강하지만, 특히 남극 성층권의 영하 80도에 육박하는 낮은 기온은 북극 성층권과 구별되는 큰 특징이다. 이런 낮은 온도가 바로 남극의 오존구멍 형성에 결정적인 역할을 한다.

남극이 아닌 다른 지역의 경우, 대기의 온도가 높아 염화불화탄소가 오존층에 도달하기 전에 여러 화학반응을 거치면서 다른 화합물로 변질돼 버린다. 하지만 남극은 낮은 기온으로 화학반응이 최대한 억제되어 염화불화탄소가 거의 그대로 성층권에 도달한다. 따라서 염소 라디칼이 성층권에 안정적으로 공급될 수 있는 조건이 충분히 갖춰져 오존층을 파괴하게 되는 것이다. 즉, 남극 성층권의 강력한 소용돌이가 오존층 파괴의 큰 조력자였던 셈이다.

남극은 북극보다 기온이 낮아 염화불화탄소가 반응하지 않고 그대로 성층권에 도달한다. 이렇게 만들어진 염소 라디칼이 오존을 파괴한다. 오존구멍이 만들어지는 것이다.

북반구의 경우는 이와 달리 북극이 바다로 이루어져 남극 대륙에 비해 덜 차갑고, 산맥 등 복잡한 지형에 영향을 받아 로스비 파동의 굴곡이 심한 편이다. 이로 인해 제트기류가 남반구에 비해 남북방향으로 훨씬 많이 움직이고, 이에 따라 오존도 극 지역으로 더 많이 공급되어 남반구에 비해 오존구멍이 나타날 가능성이 적다. 그러나 2011년에 북극에 관측사상 가장 큰 오존구멍이 나타나 사람들의 경각심을 불러일으켰다. 그림 4-24가 바로 2011년 3월 나타난 오존구멍의 모습이다. 스웨덴 일부 지역은 오존구멍 지역에 노출되어 당시 많은 사람들이 자외선에 노출되기도 하였다.

이렇게 이례적으로 북극에도 남극 못지 않은 오존구멍이 생긴 것은 관측 사상 처음이었으며, 이때 생성된 오존구멍은 동유럽, 러시아를 거쳐 몽골까지 이동하면서 자외선 노출로 막대한 피해가 발생했다. 원인은 아직 명확히 규명되지 않았으나, 한가지 확실한 것은 이 때 이례적으로 북극의 극소용돌이가 강했다는 점이다. 즉, 북극에서 저기압성 극소용돌이가 발생하면서 일시적으로 북극지역 기온이 영하 80도 이하로 떨어졌고, 염화불화탄소가 성층권까지 이동하여 염소 라디칼의 형성을 도왔고, 이로 인해 급작스런 오존층 파괴가 이루어졌다고 보고 있다.

이상에서 살펴본 바와 같이, 오존층과 극소용돌이는 아주 밀접

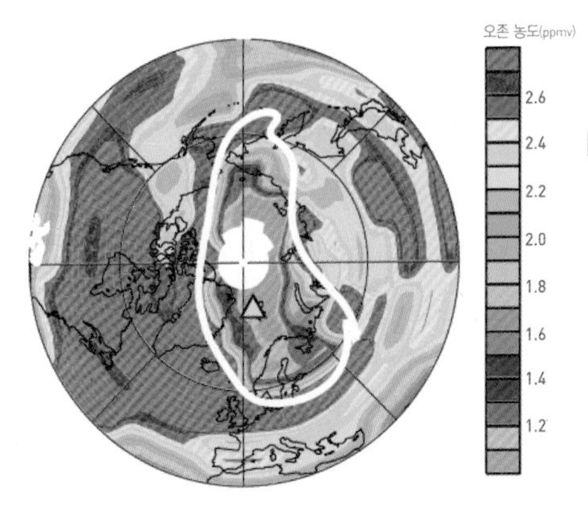

그림 4-24
2011년 3월 26일 북극 상공에 나타난 오존구멍. 붉은 색으로 표시된 영역이 오존 농도가 높은 곳으로 북아메리카 대륙과 그린란드를 덮고 있다. 그에 반해 오존이 없는 흰색 영역이 북극 상공에 크게 나타나 있다. • Manney, et al.(2011)의 그림을 수정.

한 관련이 있다. 그렇다면 앞으로 오존층이 어떻게 변할까? 현재 프레온은 엄격한 규제하에 다른 대체제로 바뀌고 있으며, 이로 인해 대기 중 염화불화탄소의 농도는 급격히 감소하였다. 반가운 소식은 이로 인해 남극의 오존구멍 역시 더 이상 커지지 않고 줄어드는 경향인 것으로 관측되고 있다.

7 북극소용돌이의 변화와 미래의 기후

지금까지 극지의 하늘을 이해하는데 가장 중요한 요소 중 하나인 극소용돌이를 중심으로 극지 기상의 다양한 주제들을 살펴 보았다. 북극은 금세기 들어 전례없는 변화를 겪고 있다. 북극의 해빙 면적은 2~3년에 한 번씩 종전 기록을 갈아치우며 급격히 줄어들고 있고, 그린란드의 대륙빙하는 매년 엄청난 양이 녹아 바다로 흘러 들어가고 있다. 이로 인해 오랫동안 안정적이었던 북극해와 북극해 연안의 기후 환경이 급속도로 바뀌고 있다. 특히 북극해 해빙의 급격한 감소로 이제는 배들이 지나다닐 수 있게 되면서 북극항로를 선점하려는 북극해 주변국들 간의 대립이 본격화하고 있다. 하지만 북극 항로 개발 자체가 선박에서 나오는 고농도의 탄소화합물로 인해 환경 오염과 온실기체 배출이라는 더욱 심각한 지구 온난화의 요인이 될 수 있다는 사실이 최근 학계에 보고되고 있는 상황이다.

사실 이런 극 지역의 개발 그 자체보다 더 큰 변화가 지금 북극에서 일어나고 있다. 앞에서 우리는 극소용돌이가 생성되는 근본 원인이 극지의 차가운 공기에서 비롯된 강력한 저기압이라는 것을 살펴보았다. 그렇다면 이렇게 북극 해빙이 많이 감소하고, 북극이 급속하게 더워지면 당연히 극소용돌이에도 어떤 변화가 있지 않을까?

실제로 최근 국내외 학자들은 북극의 급격한 온난화가 극소용돌이를 약화시킬 수 있다는 관측 결과를 보고한 바 있다. 특히 북극해빙이 많이 녹으면 해당 해역에서 엄청난 수증기와 열이 올라오고, 그로 인해 북극지역의 극소용돌이가 변하면서 북극 상공의 제트기류 흐름이 바뀔 수 있다는 것이다. 즉, 북극의 기온이 급격하게

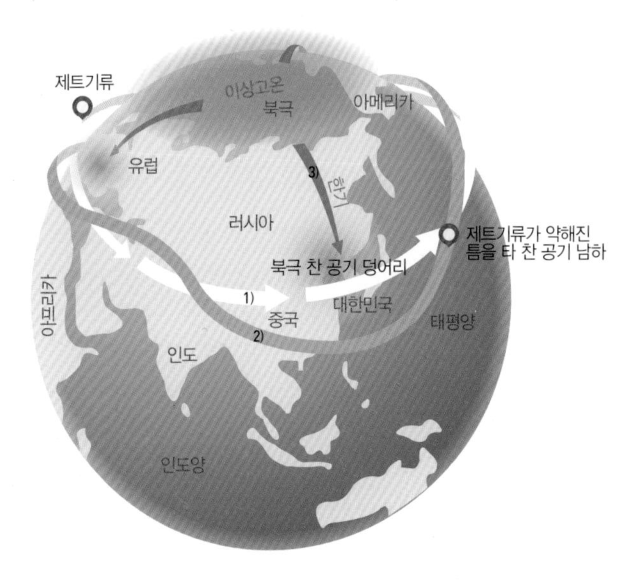

그림 4-25

북극의 기온이 급격히 상승할 때 한반도에 한파가 찾아올 수 있다. 그림에 표시된 현상을 순서대로 나열하면, 1) 북극의 극소용돌이가 강하면 제트기류가 지구 주위를 원형으로 돈다(흰색 회살표). 2) 지구온난화로 북극이 따뜻해지면, 극소용돌이가 약해져 제트기류가 구불구불 지구 주위를 돌게 된다.(굵은 녹색선) 3) 제트기류가 굽어진 지역으로 북극의 찬 공기가 남쪽으로 내려와 해당 지역에 한파가 닥친다.

올라가면서 극소용돌이가 약화되고, 약화된 제트기류로 찬 공기가 특정 지역으로 남하하기 쉬운 조건이 만들어지고 있다(그림 4-25 참조).

특히 한반도의 경우 제트기류의 영향을 많이 받는 지역이다. 따라서 제트기류의 작은 변동에도 날씨가 크게 바뀔 수 있어 이런 북극의 급격한 변화를 더욱 크게 느낄 수 있는 지역이다. 지구가 온난해져 해빙이 녹으면 바다에서 대기로 더욱 많이 열이 흘러 들어가 더 더워질 것이라고 생각하는 것이 상식이다. 하지만 동아시아를 비롯한 한반도에서 그와 반대로 겨울철에 한파가 몰아치는 이유가 바로 여기에 있다.

이제까지 기후변화의 측면에서 북극이 왜 중요한지, 북극의 급격한 온난화에 의한 이상한파는 왜 일어나는지, 그 이유를 살펴보았다. 그렇다면 미래에는 어떨까? 앞으로 극소용돌이가 더욱 강화될지, 아니면 약화될지에 대한 학자들의 의견은 아직까지 한 목소리를 내고있지 않다. 1990년대 후반에서 2000년대 초반까지만 해도, 인간이 배출하는 이산화탄소의 양이 증가하면 극소용돌이는 강화될 것이라는 예측이 지배적이었다. 그러나 2000년대 이후에 급격히 진행되고 있는 북극의 온난화에 대한 관측과, 이를 고려한 컴퓨터 시뮬레이션 결과들이 발표되면서 이런 예측에 반대되는 견해들이 최근 들어 많이 발표되고 있다. 즉, 극지의 급격한 온난화에 따라 오히려 극소용돌이가 급격히 약화되며, 이런 경향은 미래에도 지속될 것으로 보고 있는 것이다. 이런 주장을 뒷받침하는 근거로 북극의 온난화와 그로 인한 해빙 감소를 가장 중요하게 꼽고 있다.

이렇게 기후모델이 불과 4~5년 사이에 정반대의 결과를 나타내는 것을 보면, 기후변화를 연구하는 학문이 가야할 길이 아직 멀었다는 것을 알 수 있다. 더불어 미래 기후에 대한 확신에 찬 예측들을 아직까지는 조심스럽게 받아들이는 것이 맞다고 생각된다. 하지만 한 가지 분명한 사실은 최근 북극의 기후변화가 극소용돌이에 큰 변화를 초래한다는 것이 증명하고 있듯이, 전 지구적 기후변화 연구에 극지의 역할이 매우 중요하다는 점이다. 그래서 우리가 더욱더 극지의 하늘과 바다, 그리고 그 사이에 있는 해빙의 비밀을 알아내기 위해 노력하는 것이다.

태초에 빛이 오르며
그 섬광으로 모든 날씨가 불붙게 되었다

— 딜런 토마스, 〈태초에In the beginning〉에서

1장

◉ 정부간 기후변화 협의체Intergovernmental Panel on Climate Change, IPCC

▹ IPCC는 1988년 유엔의 세계기상기구WMO와 유엔환경계획UNEP에 의해 공동 설립된 국제협의체다. 기후변화에 관한 연구를 체계적으로 정리하고, 전 지구적 위험과 취약성을 평가하여 국제적 대책을 수립하기 위해 노력하고 있다. 2007년 노벨평화상을 수상하였다.

◉ 열용량heat capacity / 해양열함량ocean heat content

▹ 열용량은 일정한 압력과 부피에서 물체의 온도를 단위 온도만큼 올리는 데 필요한 열량으로, 물체의 비열에 질량을 곱한 값이다. 해당 물체의 단위 질량의 온도를 단위 온도만큼 높이는 데 필요한 열량을 비열이라고 한다. 물의 비열은 4.18J/g·℃(25℃ 기준)이고 공기는 비열이 1.01J/g·℃(실온, 약 21℃ 기준)이다. 즉, 물의 비열이 공기에 비해 약 4배 가량 크다고 할 수 있다. 또, 물의 밀도(999.1kg/m^3, 15℃)는 공기의 밀도(1.2kg/m^3, 15℃, 해수면 압력 기준)에 비해 약 1000배 가까이 된다. 따라서 같은 부피에서 바다의 열용량은 대기에 비해 거의 4000배 이상 크다고 할 수 있다.

▹ 해양열함량은 해양에 저장되어 있는 열의 총량을 말한다.

◉ 온실효과greenhouse effect / 온실기체greenhouse gases

▹ 온실효과란 지표면에서 방출되는 복사에너지가 대기의 온실기체에 흡수되어 지표와 대기의 온도를 높이는 현상을 말한다. 지구 대기의 온실효과가 없을 경우, 지구 지표면의 평균 온도는 계산상 −18℃ 밖에 되지 않는다. 현재 지구 지표면의 평균 온도인 15℃보다 33℃나 낮은 온도다. 바로 대기의 온실효과가 이런 온도 상승 효과를 만들어내고 있다. 온실효과는 이렇게 우리가 생활하는 데 꼭 필요한 작용이지만, 문제는 온실효과를 일으키는 온실기체가 인간의 활동에 의해 급속도로 늘어나고 있다는 점이다.

▹ 온실기체는 온실효과를 일으키는 대기 중 물질로, 수증기와 이산화탄소, 메탄, 아산화질소, 오존 등을 말한다. 지표에서는 주로 적외선 파장 영역의 복사에너지가 방출되는데, 온실기체는 이 파장 영역의 복사에너지를 흡수하여 대기에 가두는 역할을 한다.

◉ **해빙**sea ice / **빙하**glacier / **빙상**ice sheet / **대륙빙하**continental glacier / **빙산**iceberg / **빙붕**ice shelf / **접지선**grounding line / **폴리니아**polynya

▹ 해빙은 빙하나 빙산 등과 같이 바다에서 볼 수 있는 모든 얼음을 가리킨다. 해빙은 전체 바다 면적의 약 10%를 차지한다.

▹ 빙하는 육지에 내린 눈이 뭉쳐 형성된 거대한 얼음덩어리로, 자체 무게에 눌려 서서히 움직인다. 빙하의 약 99%는 남극 대륙과 그린란드에 있으며, 나머지 1%가 오스트레일리아를 제외한 대륙과 고위도 지역의 높은 산에 퍼져 있다.

▹ 빙상은 면적이 5만km² 이상인 빙하를 말한다. 현재 남극과 그린란드, 캐나다와 북아메리카의 북부 지역, 유럽 북부 지역에 존재한다. 대륙빙하라고도 한다.

▹ 빙산은 빙하나 극 지방 빙상의 바다 쪽 끝부분에서 떨어져 나와 물에 떠 있는 얼음덩어리로, 담수로 구성되어 있다. 빙산은 그린란드와 남극 부근에 많이 나타나고 봄과 여름의 따뜻한 시기에 대부분 형성된다.

▹ 빙붕은 육지에 뿌리를 두고 바다에 떠 있는 300~900m 두께의 얼음덩어리다. 남극 대륙에만 나타나며 전면이 붕괴돼 떨어져 나오면 거대 빙산이 된다. 빙붕이 해저면이나 기반암과 접촉하는 영역을 접지선이라 한다.

▹ 폴리니아는 해빙으로 둘러싸인 무결빙 해역을 가리킨다. 계절마다 거의 일정한 위치에 발생한다. 얼음이 없는 열린 바다로, 극 지역에서 해양과 대기의 열교환이 이곳에서 주로 일어난다.

◉ **원격상관**tele-connection

▹ 원격상관은 상당히 먼 거리(보통 수천 킬로미터 이상)에서 일어난 기상 현상이 서로 연관성을 갖는 현상을 말한다.

3장

◉ **대륙붕**continental shelf / **대륙사면**continental slope / **해저골짜기**trough

▹ 대륙붕은 대륙에 접해 있는 수심 200m이내 해저의 넓고 평탄한 지형을 말한다. 경사가 0.1° 정도로 완만하고 평탄하다. 지질학적으로 대륙이 연장된 것이며, 바다 쪽 경계는 경사가 급격하게 증가하여 대륙사면이 시작되는 대륙붕단continental shelf break까지다.

▹ 대륙사면은 대륙붕이 끝나는 지점에서 해저로 경사가 급해지는 지형으로 보통 수심 2500m까지를 말한다. 경사는 평균4°이고, 해저골짜기가 발달해 있다.

▹ 해저골짜기는 대륙사면과 대륙붕에 있는 좁고 긴 도랑 모양의 해저 지형이다.

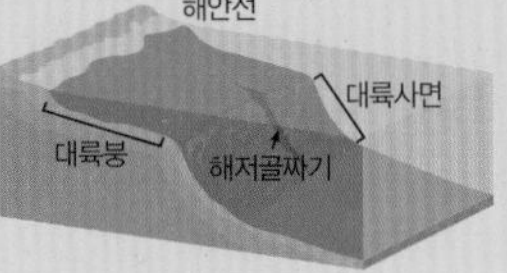

◉ **지각평형**isostasy

▹ 지각평형은 지구의 지각과 그 아래 있는 상부 맨틀이 중력에 의해 균형을 유지하고 있는 상태를 말한다.

◉ **성층화**stratification / **수온약층**thermocline, 水溫躍層 / **용승**upwelling

▹ 성층화 : 밀도가 다른 유체들이 연직 방향으로 둘 혹은 여러 개의 층으로 분리되어 층을 이루는 현상을 말한다. 해양의 성층화는 밀도차에 의해 결정되며, 수온과 염분이 주된 결정 요소다. 성층화가 강화되면, 표층과 심층간의 해수 혼합이 줄어, 심층에 산소 부족 혹은 무산소 환경이 만들어진다.

▹ 수온약층은 해양에서 수심이 증가하면서 온도가 급격하게 변화하는 층을 말한다. 바닷물의 특성이 수직적으로 균질하게 혼합된, 얕은 수심의 혼합층 아래에 존재하며, 심층과의 열교환을 막는 방해자 역할을 한다. 수온약층은 여름에는 태양열에 의해 얕은 바다에 형성되고, 겨울에는 일사량의 감소와 표층수 난류 현상의 증가로 파괴된다.

▹ 용승은 심해에서 고밀도의 해수가 표층으로 상승하는 현상을 말한다. 용승이 발생하면 심층의 풍부한 영양분이 표층으로 이동하여 플랑크톤과 어류가 살기 좋은 환경이 만들어진다.

◉ **수괴**water mass / **열염분순환**thermohaline circulation / **시그마-t** sigma-t

▹ 수괴는 주변 바닷물과 분명하게 구분되는 해수로, 보통 수온과 염분같은 물리적 성질로 구분한다. 해양학에서는 T-S diagram을 이용하여 수괴를 구분한다

▹ 열염분순환은 수온과 염분차에 의한 밀도 차이가 만들어 내는 해수의 흐름으로, 지구 규모의 해류를 일으키는 주요 원인이다. 극 지방에서 해빙에 의해 열을 잃고 차가워져 밀도가 커진 물이 바닷속으로 가라앉아 저위도 쪽으로 흐르면서 시작된다.

▹ 시그마-t는 해수의 밀도를 나타내는 것으로, 해수를 1기압(표층)으로 끌어올려 측정한 밀도에서 1000을 뺀 값이다. 표층으로 끌어올린 값을 사용하여 압력에 의한 효과가 보정되었기 때문에 서로 같은 조건에서 비교할 수 있다. 해수의 밀도는 보통 1020-1040kg/m^{3}의 좁은 범위이기 때문에, 반복되는 1000을 빼 번거로움을 피하고 있다.

4장

◉ **원심력**centrifugal force / **힘의 분해**decomposition of force / **각운동량**angular momentum / **토크**torque / **기압경도력**pressure gradient force

▹ 원심력은 원운동을 하는 물체에 나타나는 관성력inertial force으로, 회전 중심에서 멀어지려는 방향으로 작용한다. 관성력은 일종의 가상의 힘으로 실제로는 존재하지 않는 힘이다. 관성력에는 여러 종류가 있지만, 모든 관성력은 가속하고 있는 관찰자의 입장에서 운동을 기술할 때 느끼게 되는 가상의 힘이다. 예를 들어 움직이던 버스가 갑자기 멈춰서면 승객들은 앞으로 넘어지려고 한다. 마치 누가 뒤에서 등을 떠미는 것처럼 말이다. 이런 현상을 편의상 실제로 누가 뒤에서 등을 떠민다고 가상적으로 생각할 수 있다. 이런 힘을 관성력이라고 한다. 원심력 역시 관성력의 일종으로, 회전하고 있는 물체에 실제 작용하는 힘은 회전 중심인

안쪽으로 물체를 잡아 끄는 구심력이지만, 회전하고 있는 물체 자체는 마치 무언가가 바깥으로 밀어내는 듯한 힘을 느끼게 된다. 이 힘 역시 관성력의 일종이고 이를 원심력이라고 한다.

▹ 힘의 분해란, 하나의 힘을 같은 효과를 내는 여러 힘의 합으로 나타내는 것을 말한다. 보통 직각으로 나뉘어진 두 개의 힘, 즉 수평과 수직 방향의 힘으로 나눈다.

▹ 각운동량은 회전하는 물체가 갖는 운동량이다. 물체의 질량, 회전축으로부터의 거리(회전반경), 그리고 회전속도에 비례한다.

▹ 토크는 물체를 회전시키는 힘으로, 물체에 작용할 경우 각운동량을 변화시킨다.

▹ 기압경도력은 대기에서 두 지점 사이의 압력이 다를 경우, 압력이 큰 쪽(고기압)에서 작은 쪽(저기압)으로 작용하는 힘이다. 압력 차이가 클수록, 거리가 가까울수록 힘은 강해진다.

◉ **전선**front

▹ 전선은 성질이 다른 두 유체가 서로 만나는 경계면을 말한다.

▹ 기상학에서는 성질(특히 온도와 습도)이 다른 두 공기 덩어리(기단)가 만나는 경우로, 전선에 의해 여러 기상 현상이 발생한다. 따뜻한 공기가 찬 공기를 타고 올라가는 온난전선warm front, 찬 공기가 따뜻한 공기 아래로 파고드는 한랭전선cold front 등이 있다. 이 개념은 야콥 비예크니스Jacob Bjerknes가 1918년에 처음 제안하였다.

▹ 해양학에서는 특성(온도와 염분)이 다른 두 수괴가 접하는 면이다. 두 수괴가 전선을 향해 마주보고 움직이면, 전선에서 물이 수렴하여 쌓이면서 침강downwelling이 발생한다. 두 수괴 모두 전선으로부터 멀어지는 방향으로 움직이면 전선에는 물이 발산하여 골짜기가 생기고 용승upwelling이 나타난다.

◉ **대류권**troposphere / **성층권**stratosphere / **중간권**mesosphere / **열권**thermosphere

▹ 지구의 대기는 고도에 따른 온도 변화 특성에 따라 대류권, 성층권, 중간권, 열권으로 구분한다. 대류권은 고도가 상승하면서 온도가 감소하

는 대기층으로 고도 약 12km까지를 말한다. 대기가 온도에 따라 위 아래로 섞이는 대류 현상이 활발하게 일어나, 눈이나 비, 구름과 같은 기상 현상이 일어난다.

▷ 성층권은 대류권 위로부터 고도 약 50km까지로, 20~30km 상공에 오존층이 존재한다. 성층권 하부에서는 온도 변화가 거의 없지만, 그 위로는 오존에 의한 열흡수로 온도가 상승한다. 기상 현상이 일어나지 않아, 성층권 하부는 항공기 운항로로 이용된다.

▷ 중간권은 성층권 위로부터 고도 약 80km까지를 말한다. 기상 현상은 거의 일어나지 않는다. 고도가 높아지면서 온도가 낮아진다.

▷ 열권은 중간권 위로부터 고도 약 1000km까지를 말한다. 태양열을 직접 흡수하여 고도에 따라 온도가 올라간다. 인공위성이 이 층에 위치한다.

◉ **제트기류**jet streams / **극야제트**polar night jet

▷ 제트기류는 주로 대류권계면(고위도 지방에서는 해발 7-12km 상공, 적도 인근에서는 해발 10-16km 상공)에 존재하는 빠르고 좁은 공기의 흐름이다. 보통 90km/h이상의 속도지만, 200km/h까지 관측되기도 한다. 폭은 일반적으로 수백 km에 달한다.

▷ 극야제트는 겨울(극지에서는 겨울에 해가 뜨지 않는 밤이 계속되어 이런 명칭이 붙었다)에만 형성되는 제트기류로, 각 반구의 위도 60° 상공 고도 약 24km 지점에 나타난다. 태양이 비추지 않는 겨울에는 극지의 기온이 훨씬 낮아져 적도 지역의 따뜻한 공기와 기온차가 상당히 커진다. 이런 온도차로 만들어진 기압차에 의해 성층권에 극야제트가 만들어진다.

◉ **복사**radiation

▷ 복사는 매개체를 통하지 않고 전자파를 통해 열(에너지)이 전달된다. 열의 전달 방식에는 복사, 대류, 전도가 있다. 전도는 물체의 직접적인 접촉을 통해 물질은 이동하지 않고 열만 이동하는 것으로 주로 고체에서 일어난다. 대류는 주로 액체나 기체와 같은 유체에서 열을 받아 뜨거워진 물체가 위로 이동하고 상대적으로 온도가 낮은 물체가 아래로 이동하면서 열이 이동하는 경우를 말한다.

참고 문헌

1 Revelle, R. and Suess, H.E. 1957. Carbon dioxide exchange between atmosphere and ocean and the question of an increase of atmospheric CO_2 during the past decades. *Tellus*, 9, 18-27.

2 Rintoul, S.R., Hughes, C.W., and Olbers, D. 2001. The Antarctic Circumpolar Current system. In: G. Siedler, J. Church, and J. Gould eds., *Ocean circulation and climate: observing and modeling the global ocean*. International Geophysics Series 77, 271-302, Academic Press.

3 Trenberth, K.E. and Caron, J.M. 2001. Estimates of meridional atmosphere and ocean heat transports. *Journal of Climate*, 13, 4358-4365.

4 UNESCO 1981. The Practical Salinity Scale 1978 and the International Equation of State of Seawater 1980. *UNESCO Technical Papers in Marine Science*, 36.

5 Roach, A.T., Aagaard, K., Pease, C.H., Salo, S.A., Weingartner, T., Pavlov, V., and Kulakov, M. 1995. Direct measurements of transport and water properties through the Bering Strait. *Journal of Geophysical Research*, 100, 18443-18458.

6 Aagaard, K. and Carmack, E.C. 1989. The role of sea ice and other fresh water in the Arctic circulation. *Journal of Geophysical Research*, 94, 14485-14498.

7 Jenkins, A., Dutrieux, P., Jacobs, S.S., McPhail, S.D., Perrett, J.R., Webb, A.T., and White, D. 2010. Observations beneath Pine Island Glacier in West Antarctica and implications for its retreat, *Nature Geoscience*, 3, 468-472, doi:10.1038/ngeo890.

8 Jacobs, S.S., Jenkins, A., Giulivi, C.F., and Dutrieux, P. 2011. Stronger ocean circulation and increased melting under Pine Island Glacier ice shelf. *Nature Geoscience*, 4, 519-523, doi: 10.1038/ngeo1188.

9 Rignot, E.I. and Jacobs, S.S. 2002. Rapid bottom melting widespread near Antarctic ice sheet grounding lines. *Science*, 296, 2020-2023.

[10] Stroeve, J.C., Holland, M. M., Meier, W., Scambos, T., and Serreze, M. 2007. Arctic sea ice decline: Faster than forecast. *Geophysical Research Letters*, 34, L09501, doi: 10.1029/2007GL029703.

[11] Stroeve, J.C., Kattsov, V., Barrett, A., Serreze, M., Pavlova, T., Holland, M., and Meier, W.N. 2012. Trends in Arctic sea ice extent from CMIP5, CMIP3 and observations. *Geophysical Research Letters*, 39, L16502, doi:10.1029/2012GL052676.

[12] Charney J.G. and Drazin, P.G. 1961. Propagation of Planetary-Scale Disturbances from the Lower into the Upper Atmosphere. *Journal of Geophysical Research*, 66, 83-109.

[13] Matsuno, T. 1971. A Dynamical Model of the Stratospheric Sudden Warming. *Journal of the Atmospheric Sciences*, 28, 1479-1494.

[14] Andrews, D. G. 1987. On the interpretation of the eliassen-palm flux divergence. *Quarterly Journal of the Royal Meteorological Society*, 113, 323-338, doi:10.1002/qj.49711347518.

[15] Shaw, T. A. and Shepherd, T. G. 2008. Raising the roof. *Nature Geoscience*, 1, 12-13.

[16] Shaw, T.A., and Perlwitz, J. 2010. The impact of stratospheric model configuration on planetary scale waves in northern hemisphere winter. *Journal of Climate*, 23, 3369-3389.

[16] Sigmond, M., Scinocca, J.F. Kharin, V.V. and Shepherd, T.G. 2013. Enhanced seasonal forecast skill following stratospheric sudden warmings, *Nature Geoscience*, 6, 98-102.

그림출처 및 저작권

그림 0-1 Nuccitelli, D., Way, R. Painting, R. Church, J., and Cook, J. 2012. Comment on "Ocean heat content and Earth's radiation imbalance. II. Relation to climate shifts". *Physics Letters A*, 376, 3466-3468.

그림 1-1 Source of CO_2 Concentration data: Keeling, C.D. and Wharf, T.P. 2005. *Atmospheric CO_2 records from sites in the SIO air sampling network.* In Trends : A Compendium of Data on Global Change. Carbon Dioxide Information Analysis Center, Oak Ridge National Laboratory, US Department of Energy, Oak Ridge, Tenn., USA., 2002.

Source of Temperature data: Brohan, P., Kennedy, J.J., Harris, I., Tett, S.F.B., and Jones, P.D. 2006. Uncertainty estimates in regional and global observed temperature changes: A new data set from 1850. *Journal of Geophysical Research* 111, D12106, doi:10.1029/2005 JD006548.

그림 1-2 East Anglia University Climate Research Unit (http://www.cru.uea.ac.uk/).

그림 1-3 *Climate Change 2007: The Physical Basis.* Contribution of Working Group I to the Fourth Assessment Report of the IPCC.

그림 1-6 Meehl, G.A., Washington, W.M., Santer, B.D., Collins, W.D., Arblaster, J.M., Hu, A., Lawrence, D.M., Teng, H., Bujia, L.E. and Strand, W.G. 2006. Climate Change Commitment in the CCSM3. *Journal of Climate*, 19, 2597-2616, doi: http://dx.doi.org/10.1175/JCLI3746.1.

그림 1-7 김백민, 정의현, 임규호, 김현경, 2014. 북극 온난화에 따른 겨울철 대기 변동성 분석 연구. *대기*. (in press).

그림 2-3 Lumpkin, R. and Speer. K. 2007. Global ocean meridional overturning. *Journal of Physical Oceanography*, 37, 2550-2562.

그림 2-6 Carmack, E. and Melling, H. 2011. Warmth from the deep. *Nature Geoscience*, 4, 7-8.

그림 3-3 Steele, M., Ermold, W., and Zhang, J. 2008. Arctic Ocean surface warming trends over the past 100 years. *Geophysical Research Letters*, 35, L02614, doi:10.1029/2007GL031651.

그림 3-7 Rignot, E., Bamber, J.L., van den Broeke, M.R., Davis, C., Li, Y., van de Berg, W., and van Meijgaard, E., 2008. Recent Antarctic ice mass loss from radar interferometry and regional climate modeling. *Nature Geoscience*, 1, 106-110.

그림 3-8 Jacobs, S.S., Jenkins, A., Giulivi, C.F., and Dutrieux, P. 2011. Stronger ocean circulation and increased melting under Pine Island Glacier ice shelf. *Nature Geoscience*, 4, 519-523, doi: 10.1038/ngeo1188.

그림 3-9 (a) Arrigo, K.R., Perovich, D.K., Pickart, R.S., Brown, Z.W., van Dijken, G.L., Lowry, K.E., Mills, M.M., Palmer, M.A., Balch, W.M., Bahr, F., Bates, N.R., Benitez-Nelson, C., Bowler, B., Brownlee, E., Ehn, J.K., Frey, K.E., Garley, R., Laney, S.R., Lubelczyk, L., Mathis, J., Matsuoka, A., Mitchell, B.G., More, G.W.K., Ortega-Retuerta, E., Pal, S., Polashenski, C.M., Reynolds, R.A., Schieber, B., Sosik, H.M., Stephens, M., and Swift, J.H. 2012. Massive phytoplankton blooms under Arctic sea ice. *Science*, 336, 1408, doi:10.1126/science.1215065.

그림 3-9 (b) Lee, S.H., C.P. McRoy, H.M. Joo, R. Gradinger, X. Cui, M.S. Yun, K.H. Chung, S.-H. Kang, C.-K. Kang, E.J. Choy, S. Son, E. Carmack, and T.E. Whitledge. 2011. Holes in progressively thinning Arctic sea ice lead to new ice algae habitat. *Oceanography*, 24(3), 302–308.

그림 3-12 Peterson, B.J., Holmes, R.M., McClelland, J.W., Vhyperlink, C.J. Lammers, R.B., Shiklomanov, A.I., Shiklomanov, I.A., and Rahmstorf, S. 2002. Increasing river discharge to the Arctic Ocean. *Science*, 298, 2171-2173.

그림 3-17 US National Snow and Ice Data Center (http://nsidc.org/arcticseaicenews/).

그림 3-18 Stroeve, J.C., Kattsov, V., Barrett, A., Serreze, M., Pavlova, T., Holland, M., and Meier, W.N. 2012. Trends in Arctic sea ice extent from CMIP5, CMIP3 and observations. *Geophysical Research Letters*, 39, L16502, doi:10.1029/2012GL052676.

그림출처 및 저작권

그림 3-19 US National Snow and Ice Data Center (http://nsidc.org/arcticseaicenews/).

그림 3-20 Shepherd, A., Ivins, E.R., A, G., Barletta, V.R., Bentley, M.J., Bettadpur, S., Briggs, K.H., Bromwich, D.H., Forsberg, R., Galin, N., Horwath, M., Jacobs, S., Joughin, I., King, M.A., Lenaerts, J.T.M., Li, J., Ligtenberg, S.R.M., Luckman, A., Luthcke, S.B., McMillan, M., Meister, R., Milne, G., Mouginot, J., Muir, A., Nicolas, J.P., Paden, J., Payne, A.J., Pritchard, H., Rignot, E., Rott, H., Sørensen, L.S., Scambos, T.A., Scheuchl, B., Schrama, E.J.O., Smith, B., Sundal, A.V., van Angelen, J.H., van de Berg, W.J., van den Broeke, M.R., Vaughan, D.G., Velicogna, I., Wahr, J., Whitehouse, P.L., Wingham, D.J., Yi, D., Young, D., and Zwally, H.J. 2012. A reconciled estimate of ice-sheet mass balance. *Science*, 338, 1183-1189, doi:10.1126/science.1228102.

그림 4-6(a) Lutgens, F.K. and Tarbuck, E.J. 1995. *The Atmosphere: An introduction to meteorology*, 6th ed. New Jersey: Prentice Hall. p.183.

그림 4-9 Tarbuck, E.J. and Lutgens, F.K. 1988. *Earth science*, 5th ed. Ohio: Merrill Publishing. p.395.

그림 4-11 http://www.cpc.ncep.noaa.gov/products/precip/CWlink/daily_ao_index/ao.loading.shtml.

그림 4-12 Jeong, J.-H., and C.-H. Ho 2005, Changes in occurrence of cold surges over east Asia in association with Arctic Oscillation, *Geophysical Research Letters*, 32, L14704, doi:10.1029/2005GL023024.

그림 4-14 http://www.cpc.ncep.noaa.gov/products/precip/CWlink/daily_ao_index/aao/aao.loading.shtml.

그림 4-18 http://neven1.typepad.com/blog/2013/04/sudden-stratospheric-warmings-causes-effects.html#more.

그림 4-21 Oxtoby, D.W., Gillis, P.W., and Nachtrieb, N.H. 2002. *Principles of Modern Chemistry*, 5th ed. Brooks Cole. p.627.

그림 4-22 Shaw, T.A. and Shepherd, T.G. 2008. Raising the roof. *Nature Geoscience* 1, 12-13.

그림 4-23 http://www.nasa.gov/vision/earth/lookingatearth/ozone_record.html.

그림 4-24 Manney, G.L., Santee, M.L., Rex, M., Livesey, N.J., Pitts, M.C., Veefkind, P., Nash, E.R., Wohltmann, I., Lehmann, R., Froidevaux, L., Poole, L.R., Schoeberl, M.R., Haffner, D.P., Davies, J., Dorokhov, V., Gernandt, H., Johnson, B., Kivi, R., Kyrö, E., Larsen, N., Levelt, P.F., Makshtas, A.C. McElroy, T., Nakajima, H., Parrondo, M.C., Tarasick, D.W., von der Gathen, P., Walker, K.A., and Zinoviev, N.S. 2011. Unprecedented Arctic ozone loss in 2011, *Nature*, 478, 469-475, doi:10.1038/nature10556.

그림 저작권

더 읽으면 좋은 자료들

단행본

기후의 역습(모집 라티프 지음, 이혜경 옮김), 현암사, 2005.

기후변화 교과서 : 기후변화와 한반도 생태계의 현황과 전망(최재천, 최용상 지음) 도요새, 2011.

남극탐험의 꿈(장순근 지음), 사이언스북스, 2004.

남극은 왜? 남극에 대한 119가지 오해와 진실(장순근 지음), 지성사, 2011.

바다의 과학 : 해양학 원론(박용안 지음), 서울대학교출판부, 2012.

얼음의 나이(오코우치 나오히코 지음, 윤혜원 옮김, 홍성민 감수), 계단, 2013.

완벽한 빙하시대 : 기후변화는 세계를 어떻게 바꾸었나(브라이언 페이건 지음, 이승호, 김맹기, 황상일 옮김), 푸른길, 2011.

스스로 배우는 지구온난화와 기후변화(제리 실버저, 최영은, 권원태 옮김), 푸른길, 2010.

지구온난화에 속지마라(프레드 싱거, 데니스 에이버리 지음, 김민정 옮김), 동아시아, 2009.

천재들의 과학노트 : 과학사 밖으로 뛰쳐나온 해양학자들(캐서린 쿨렌 지음, 양재삼 옮김), 일출봉, 2007.

천재들의 과학노트 : 과학사 밖으로 뛰쳐나온 대기과학자들(캐서린 쿨렌 지음, 윤일희 옮김), 일출봉, 2007.

북극해를 말하다(극지연구소, 한국해양수산개발원 엮음), 2012.

포세이돈의 분노 : 지구온난화와 바다(김웅서 지음), 지성사, 2010.

웹사이트

극지연구소 : http://www.kopri.re.kr

국토교통부 국토지리정보원(남극지리정보포털 서비스) : https://nps.ngii.go.kr/nps/app/intro/index.do

미국국립눈얼음자료센터US National Snow and Ice Data Center : http://nsidc.org

미국국립빙하센터US National Ice Center : http://www.natice.noaa.gov

정부간 기후변화 협의체IPCC, Intergovernmental Panel on Climate Change : http://www.ipcc.ch

EOSDISNASA's Earth Observing System Data and Information System : https://earthdata.nasa.gov/data/near-real-time-data/rapid-response

Daily AMSR2 Sea Ice Maps : http://www.iup.uni-bremen.de:8084/amsr2

Daily Updated SSMIS Sea Ice Maps : http://www.iup.uni-bremen.de:8084/ssmis/index.html

신문, 과학잡지기사

"21세기 말 지구해수면 평균 63cm 상승" http://www.hellodd.com/news/article.html?no=43893

[ScienceDaily] Climate Puzzle Over Origins of Life On Earth: http://www.sciencedaily.com/releases/2013/10/131004090307.htm

How is the Arctic affected by climate change?: http://wwf.panda.org/what_we_do/where_we_work/arctic/what_we_do/climate/

Climate Change in the Arctic: https://nsidc.org/cryosphere/arctic-meteorology/climate_change.html

Climate Change and the Antarctic: http://www.asoc.org/issues-and-advocacy/climate-change-and-the-antarctic

Polar Opposites: Why Climate Change Affects Arctic & Antarctic Differentlyhttp://www.livescience.com/40125-climate-change-affecting-arctic-antarctic-differently.html

Science Briefing-Antarctica and climate change: http://www.antarctica.ac.uk/press/journalists/resources/science/climate%20change%20briefing.php

주요한 연표들

이 연표는 극지의 기후변화와 관련된 내용 중에서 이 책에서 다루고 있는 이산화탄소에 의한 온실효과, 북극의 해빙과 기후 피드백, 극지의 대기 변화와 오존층이라는 세 가지 주제와 관련된 주요 발견과 연구 성과를 연대별로 정리하였다. 또한 동시대에 일어난 과학적 발전과 사회적 변화 과정을 비교할 수 있도록 함께 나타냈다. 스티븐 위어트의 '지구온난화의 발견(http://www.aip.org/history/climate/index.htm)'을 참고했다.

1770~1870
산업혁명이 시작되다. 면직공업이 기계화되고, 증기기관이 개발되다.
석탄이 본격적으로 사용되다.
철도가 설치되고, 제철 산업이 발전하다.

1820년대
프랑스의 물리학자인 장 뱁티스트 조제프 푸리에Jean Baptiste Joseph Fourier 대기의 온실효과를 처음으로 언급하다. 그는 지구의 에너지 수지를 계산하는 과정에서, 지구로 입사된 태양에너지 중 일부가 빠져나가지 못하고 대기에 갇혀 지구를 덥히는 역할을 한다고 설명하였다.

1830년대
프랑스의 공학자 장 구스타브 코리올리가 회전하는 시스템의 에너지 전달 현상을 수학적으로 정리하다. 이 이론은 20세기 초에 지구의 회전과 대기의 운동을 다루면서 '코리올리의 힘'이라는 이름이 붙게 된다.

1860년대
아일랜드의 물리학자 존 틴들John Tyndall이 대기 중의 수증기와 이산화탄소가 지구에서 우주로 에너지를 방출하는, 적외선 복사를 막는다는 사실을 발견하다. 이들 기체의 농도 변화가 기후를 바꿀 수 있다는 점을 지적하다.

1880년대
아일랜드의 물리학자인 월터 하틀리가 자외선을 흡수하는 오존층의 존재를 밝혀내다.

1870~1910
암모니아 합성법이 발명되면서 비료 산업이 급속하게 성장하다.
전구가 발명되고, 전기가 본격적으로 활용되다.

1882~1883
제1차 국제극지의 해로 선포되면서,
오스트리아-헝가리 제국, 덴마크, 독일을 비롯한
12개국이 합동으로 북극 지방의 기상, 지자기,
해류와 해빙의 움직임, 오로라 현상 등을 연구하다.

1890년대

노르웨이의 프리초프 난센이 프람호를 타고 북극을 탐험하면서, 바람의 방향과 빙하의 이동 방향이 일치하지 않는다는 것을 관찰하다.

스웨덴의 스반테 아레니우스Svante Arrhenius가 이산화탄소의 농도가 두 배로 늘어나면 전 지구의 기온이 5~6℃올라갈 것이라고 예측하다. 대기 중 이산화탄소 농도가 기후변화에 미치는 영향을 처음 정량적으로 설명하다.

1905년

스웨덴의 방 발프리드 에크만이 난센의 관찰 결과를 바탕으로, 바람에 따른 해류의 흐름을 '에크만 나선 이론'으로 정리하다.

1914~1918
1차 세계대전이 발발하다.

1930년대

미국의 토머스 미즐리Thomas Midgley가 냉매와 분사제로 사용할 수 있는 염화불화탄소 화합물을 개발하다. 듀폰은 이를 프레온이라는 제품으로 판매하기 시작하다.

영국의 시드니 채프먼이 오존이 생성 · 파괴되는 순환 과정을 밝혀내다.

스웨덴 출신의 미국 기상학자 칼 귀스타프 로스비가 지구 대기권의 기상에 큰 영향을 미치는 공기 흐름을 로스비 파동으로 정리하다.

1932~1933
제2차 국제극지의 해가 선포되면서,
44개국이 참여하여 극 지방에 대한
관측을 실시하다.

1934
독일에 히틀러가 이끄는 제3제국이 집권하다.
이후 유럽의 과학자들이 미국으로 대거 이동한다.

1939~1945
2차 세계대전이 발발하다.
맨해튼 프로젝트로 원자탄이 개발되다.

1940년대
방사성탄소동위연소 연대결정법이 개발되다.
화석연료 연소에 의해 발생한 이산화탄소 검출과
해양에 흡수된 탄소량 측정이 가능해지다.

1951년

미국의 에드워드 로렌츠Edward Lorentz가 극지방과 중위도 지역의 해면기압이 진동한다는 것을 처음으로 확인하다.

독일의 리하르트 슈어하그가 성층권 돌연승온 현상을 최초로 관측하다.

미국의 찰스 킬링Charles D. Keeling이 이산화탄소 농도가 매년 증가하고 있다는 것을 1958년부터 현재까지 계속 관측하다.

노먼 필립스Norman Phillips가 대기와 해양의 순환에 대한 대순환 모델을 개발하여 컴퓨터로 기후를 예측하다.

로저 르벨이 인간 활동에 의해 방출된 이산화탄소가 해양에 모두 흡수되지 않는다는 것을 밝혀내다.

마나베 슈쿠로Manabe Sukyuro와 리처드 웨더랄드Richard Wetherald가 기후모델을 활용하여 대기 중 이산화탄소 농도가 2배가 되면 기온이 약 2℃ 올라갈 것이라는 계산 결과를 제시하다.

미하일 부디코Mikhalil Budyko와 윌리엄 셀러스William Sellers가 지구의 복사에너지 수지 계산을 통해 얼음 반사 피드백에 대한 모델을 제시하다.

미국의 셔우드 롤런드Sherwood Roland와 마리오 몰리나Mario Molina가 염소에 의한 오존층 파괴 현상을 밝혀내다.

미국의 기상학자 줄 그레고리 차니가 대기 중 이산화탄소 농도가 2배가 되면 기온이 3℃가까이 오를 것이라는 연구 보고서를 발

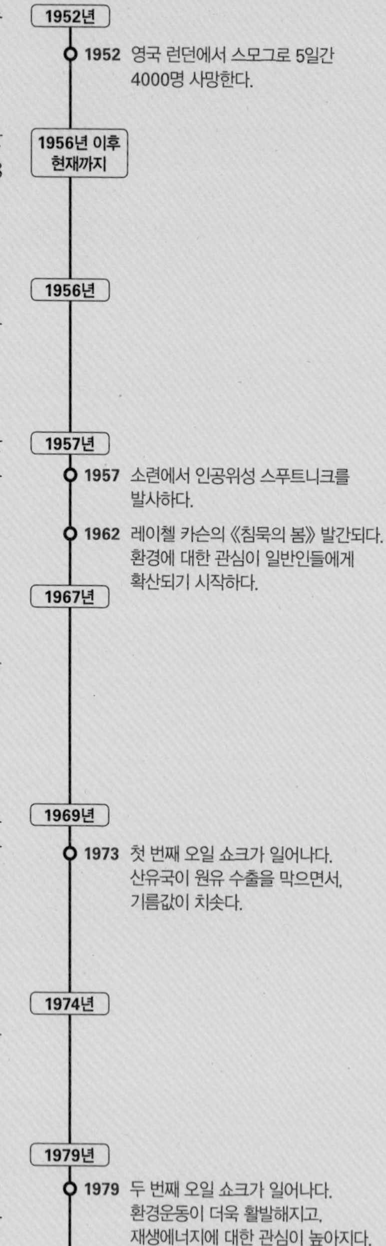

표하다. 이 예측값은 IPCC 4차 보고서가 나온 2007년까지 약 30년간 변하지 않고 있다.

1985년

미국의 월레스 브레커가 북대서양 심층수 순환의 변화가 급격한 기후변화를 가져올 수 있다는 점을 언급하다.

영국의 남극관측 과학자 조셉 파먼Joseph Farman 등이 남극 상공에 뚫린 오존구멍을 처음으로 관측하다.

1987년

몬트리올 의정서를 맺어 오존층 파괴 물질을 규제하기 시작하다.

1988년

미국의 데이비드 톰슨과 존 월레스가 극소용돌이의 특성을 해면기압을 이용하여 극진동으로 간단하게 정리하다.

IPCC가 결성되다.

2000년대

인공위성을 통한 북극해의 해빙, 남극 대륙과 그린란드의 빙상 관측이 활발해지면서, 해수면 상승과 얼음 면적 감소가 보고되다.

2005년

교토 의정서가 발효되면서 조약 참여국들이 온실기체 감축을 위해 노력하다. 미국은 의정서에 서명하지 않았다.

2007년

IPCC가 4차 보고서를 발표하다. 지구온난화가 심각한 영향을 미칠 것이라고 지적하다.

2007~2009

제3차 국제극지의 해가 선포되면서 극 지역의 기후변화에 대한 실험과 관측이 실시되다.

2013년

대기 중 이산화탄소 농도가 처음으로 400 ppm을 넘어선 것이 관측되다.

찾아보기

ㄱ

ㄴ

ㄷ

ㄹ

ㅁ

ㅂ

ㅅ

ㅇ

ㅈ

ㅊ

ㅋ

ㅌ

ㅍ

ㅎ

인명

그림으로 보는 극지과학 1
극지과학자가 들려주는 기후변화 이야기

지 은 이 | 하호경, 김백민

1판 1쇄 발행 | 2014년 1월 28일
1판 3쇄 발행 | 2018년 4월 25일

펴 낸 곳 | ㈜지식노마드
펴 낸 이 | 김중현
디 자 인 | design **Vita**

등록번호 | 제 313-2007-000148호
등록일자 | 2007.7.10
주　　소 | 서울특별시 마포구 월드컵북로6길 42 태성빌딩 3층(121-819)
전　　화 | 02-323-1410
팩　　스 | 02-6499-1411

이 메 일 | knomad@knomad.co.kr
홈페이지 | http://www.knomad.co.kr

가　　격 | 12,000원
ISBN 978-89-93322-60-6 04450
ISBN 978-89-93322-65-1 04450(세트)

영업관리 | (주)북새통
전　　화 | 02-338-0117　　　팩　　스 | 02-338-7160~1